JN047042

KODANSHA

世界を変えた薬

講談社 編

監修 船山信次
（日本薬史学会会長・日本薬科大学客員教授）

はじめに

私たち人類はこれまで多くの科学的発見をしてきました。ふとした思いつきやひらめきによって、思いもよらないアイデアが浮かび、それが新しい発見につながり、物理、化学、生物、薬学、医学などさまざまな分野が発展してきました。その、**ぴか**っとひらめく**理科**をテーマにしたのが、「**ぴかりか**」シリーズです。

このシリーズでは、科学者たちがどんな研究に打ちこんできたか、その研究から明らかになった科学トピックスなどを紹介していきます。

科学はすぐ身近にあり、まだまだ明らかになっていない

登場キャラクター

本の中で疑問を出したり、一緒に考えたりするキャラクターです。

ホエホエ先生
もの知りなシロナガスクジラの先生。わんだー兄妹たちに優しく教えてくれる。

わんだー兄妹
ふしぎなことがあると、その理由がわかるまで、とことん知りたくなってしまう兄妹とペット。

謎もたくさんあります。みなさんが少しでも科学のおもしろさに気づき、興味や疑問を持つきっかけになるようなシリーズになればと思います。

『世界を変えた薬』では、薬の歴史において特に画期的な8つの薬を取りあげています。どの薬も、多くの人々を救い、世界の医療を進歩させたものばかりです。それぞれの薬の特徴はもちろん、どのようにしてできたのか、その開発秘話なども紹介しています。また各章には、薬の働きをさらにくわしく解説した「深ぼり」コーナーもあります。さまざまな薬について、4つのキャラクターと一緒に読んでいきましょう。

わんだろう
わんだー兄妹の兄。思いついたらすぐ行動する、頼りがいのある兄。

わんだこ
わんだー兄妹の妹。物事を冷静に見ているしっかり者。

わんこ
わんだー兄妹のペット。意外と賢く、2人をフォローする犬。

もくじ

1章

人々を痛みから救った モルヒネ

200年も前から使われている鎮痛薬、モルヒネ。原料となるアヘンは、戦争の要因になった歴史もあります。

モルヒネの開発年表

紀元前 3000年ごろ

メソポタミア地方のシュメール人が粘土板に、ケシの栽培方法や**アヘン**の製法を記す。

▼ p.10

紀元前 1552年

古代エジプトの文書『エーベルス・パピルス』に、治療薬としてのアヘンの利用が記録。

▼ p.10

写真：ゴン太/PIXTA

1世紀

古代ローマの書物『マテリア・メディカ』で、アヘンの製法をくわしく紹介。

▼ p.9

次のページから、くわしく見てみるぞ

1805年

ドイツのゼルチュルナーがアヘンからモルヒネを取り出す。

▼ p.12

提供：akg-images/アフロ

1840~1842年

アヘン戦争

▼ p.15

1960年代

イギリスの**ホスピス**で、がんの痛みをやわらげるためにモルヒネが使用される。

▼ p.14

17世紀後半

イギリスのシデナムが、アヘンチンキを独自に調合。

▼ p.11

16世紀

スイス出身のパラケルススが、アヘンチンキ（アヘンをアルコールで溶かしたもの）や、アヘンを配合した丸薬を開発。

▼ p.11

アヘンが世界各地に広まる

ホスピスとは、患者の痛みの緩和医療を行う施設だよ。

痛みは古くから人々をなやませてきた

けがをして血が出たり、風邪をひいて頭が痛かったりと、日常生活のなかで痛みを感じることはよくあるでしょう。体の一部が痛かったり、全身が痛かったり、痛いけどどこが痛むのかわからなかったりと、痛みにはさまざまなものがあります。

古くから人々は痛みに苦しみ、痛みを取りのぞこうとしてきました。例えば、紀元前1世紀〜紀元2世紀ごろには、頭痛や**痛風**の痛みに対し、電気魚としても知られるシビレエイが使われていたといわれています。痛みを感じるところに電気の刺激をあたえることで、痛みを落ち着かせたのです。

▲『マテリア・メディカ』を著したディオスコリデス。

▶シビレエイ。身を守る時などに電気を発する。

写真：イアン / PIXTA

痛風
足や手の関節が激しく痛む病気。

また、ヤナギの樹皮は、痛みをやわらげる〝薬〟としても利用されてきました(p.66)。紀元1世紀に古代ローマの医師である**ディオスコリデス**がまとめた『マテリア・メディカ』という薬に関する書物には、セイヨウシロヤナギという植物の樹皮を煮出したものが痛風の痛みを抑えると記されています。そしてこの書物には、古くから用いられてきたもう一つの〝鎮痛薬〟であるアヘンについても紹介されています。アヘンとはどのようなものなのでしょうか。

▶6世紀ごろに書き写された『マテリア・メディカ』のレプリカ。ケシの絵と共に、使用方法なども記されている。(明治薬科大学明薬資料館蔵)

ケシの実からとれるアヘン

アヘンは、**ケシ**の実からとれる液を乾燥させたものです。ケシの花が咲き終わると、丸い緑色の実(芥子坊主)がなります。芥子坊主が熟す前に、

ケシ
赤や白などの大きな花を咲かせる植物。

ディオスコリデス 40年ごろ〜90年ごろ
ギリシャ人の医師。約600種類の薬草について『マテリア・メディカ』にまとめた。

シュメール人
現在のイラクにあたる地域で、メソポタミア文明を起こした人々。

実の表面に傷をつけると出てくる白っぽい液(乳液)を集めて乾燥させるとアヘンになるのです。ただし、ケシにはさまざまな種類があり、アヘンの原料となるケシと、ならないケシがあります。

アヘンの歴史は古く、紀元前3000年ごろのメソポタミア地方(現在のイラクにあたる地域)ですでに利用されていたようです。この地方に住んでいた**シュメール人**はケシを「この上ない幸せをもたらす植物」とたたえ、ケシの栽培方法やアヘンの製法を粘土板に書き残しました。紀元前1552年の記録として知られる古代エジプトの文書『**エーベルス・パピルス**』には、子どもの泣きすぎを防ぐ治療薬としてアヘンが記載されていたほか、古代エジプトでは睡眠薬や鎮痛薬としてアヘンが利用されていたといいます。アヘンはその後、地中海沿岸の古代ギリシャや古代ローマに伝わり、アフリカ、インド、東アジアへと世界中に広まっていきます。日本でも、室町時代にはケシが伝わっていたという記録が残っています。江戸時代には栽培も行われていて、アヘンが広く知られていたようです。

エーベルス・パピルス
さまざまな病気の症状や治療法が記されている。パピルスとは紙の原型といわれるもの。

アヘンはいろいろな場面で利用されていたんだね。

アヘンから見つかった鎮痛成分、モルヒネ

アヘンは、古くから薬に加工する研究も行われていました。例えば16世紀、スイスの医師である**パラケルスス**は、アヘンをアルコールで溶かし出したアヘンチンキを開発し、「ローダナム」と名づけました。パラケルススは、アヘンを配合した丸薬（粒状の薬）も開発し、あらゆる病気に効く薬として使用をすすめたといいます。アヘンチンキは17世紀後半にイギリスの医師である**トーマス・シデナム**も独自に開発。コレラなどの感染症をはじめとした幅広い病気に処方されました。

こうしてアヘンは薬として広く処方されるようになりましたが、その効果にはばらつきがありました。同じ量のアヘンでも、ほとんど効かない場合や、逆に効きすぎてしまう場

トーマス・シデナム 1624-1689
イギリスの医師。治療では症状の観察や自然治癒を重視し、『医学観察』を著した。

▲16世紀に描かれたパラケルスス。
提供：Science Photo Library/アフロ

パラケルスス 1493-1541
スイスの医師・化学者。本名テオフラストゥス・フォン・ホーエンハイム。医学に化学を取り入れ、「医化学の祖」ともよばれる。

有効成分
医薬品や農薬などを構成する成分のうち、目的の効果を出すための成分のこと。

合があったのです。そこで、アヘンから**有効成分**を取り出す研究が行われるようになります。ドイツで薬剤師の助手をしていた**フリードリヒ・ゼルチュルナー**は1805年、アヘンから有効成分の結晶を取り出したことを報告しました。そして、ゼルチュルナーはギリシャ神話の夢の神とされるモルフェウスにちなんで、この有効成分を「モルヒネ」と名づけました。アヘンから有効成分だけを取り出せたことで、薬としてより効果的に使うことができるようになったのです。これは医薬の歴史で画期的な出来事でした。

フリードリヒ・ゼルチュルナー 1783-1841
ドイツの薬剤師。20代初めに、アヘンの有効成分を結晶として取り出すことに成功した。

昔の薬は今よりも自然のものがそのまま使われていたんだね。

生薬から有効成分を取り出す研究が盛んに

アヘンのように、植物や動物などの、薬として効き目がある部位を集めて加工したものを**生薬**といいます。モルヒネの発見は、生薬から有効成分を取り出す研究が始まるきっかけとなりました。古くから病気の治療に使われてきた生薬はほかにも多くありましたが、その後、そうした生薬から有効成分を取り出す研究が盛んに行われるようになったのです。

例えば、あとで紹介するセイヨウシロヤナギの樹皮から取り出された「サリシン」(p.70)や、キナノキの樹皮から取り出された「キニーネ」(p.46)は、その代表です。サリシンを分解したあと、さらに化学反応を加えてできるサリチル酸からつくられるアセチルサリチル酸は、解熱・鎮痛薬として知られる「アスピリン」(p.66)で、「薬の王様」といわれるほど利用されています。キニーネにも解熱・鎮痛作用があり、マラリアの治療薬として現在でも使われています。

生薬

自然界に存在する動植物や鉱物をそのまま、もしくは乾燥などの簡単な処理によって薬として使用できるようにしたもの。生薬を組み合わせて漢方薬がつくられる。

モルヒネは、がん患者の苦痛をやわらげる

　数々の痛みのなかでも、がん（とくに末期がん）の痛みは非常に強いものです。1960年代に入り、イギリスのセント・クリストファーズ・ホスピスという病院で、がんの痛みに対してモルヒネを使用する療法が取り入れられました。このことは、がんの緩和医療という分野が開かれるきっかけとなりました。

　がんなどの痛みに対してモルヒネを使用する場合も、副作用がつきものです。おもに便秘や吐き気、眠気などの副作用が生じます。便秘には下剤、吐き気には吐き気止めなど、症状に応じた治療が行われますが、副作用を抑える研究も行われています。また、モルヒネが少しずつ吸収されるように工夫された製剤も使われるようになってきました。

アヘンが原因で戦争が起こった

アヘンの有用性は古くから知られていましたが、その有害性も心配されていました。アヘンは、依存症につながる「麻薬」でもあったのです。麻薬とは、心地よい感じや鎮痛作用などをもたらすものの、続けて使用するとそれなしではいられなくなってしまう薬物です。薬物の効果がなくなった時の不快な症状（幻覚や手足の震えなど）や、薬物が欲しいという強い欲求から、周囲の人を傷つけるなどの問題を起こすこともあります。

アヘンが世界に広まるにつれて、こうした麻薬としての害が大きくなっていきました。アヘンがひき起こした歴史上の大事件が、中国とイギリスとの間に起きた「アヘン戦争」です。中国では13世紀にアヘンが伝わり、下痢の治療薬などとして利用されていました。当初のアヘンの消費量は少なかったのですが、18世紀後半になると、中国はイギリスから大量のアヘンを輸入するようになります。このアヘンはインド製で、イギリスはインド

アヘン戦争で、中国船がイギリス船から攻撃を受けるようす。　提供：akg-images/アフロ

でつくらせたアヘンを中国に輸出して大きな利益を得ていたのです。アヘンが大量に入ってきたことで、中国では人々が次々にアヘンに依存するようになり、国内が荒れていきました。

こうした状況に危機感を覚えた中国はアヘンの輸入を禁止。密輸も取り締まり、１８３９年にイギリスの商人が持ちこんだ１４００トン以上ものアヘンを焼却処分しました。このことがきっかけとなってイギリスが中国に攻め入り、１８４０年に戦争が始まったのです。１８４２年、中国の一方的な敗北でアヘン戦争は終わりますが、その後も中国はしばらくのあいだ、苦しむこととなります。アヘンが、一つの国の運命をも変えてしまったのです。

鎮痛物質

「モルヒネ」を深ぼりしよう！

モルヒネ

モルヒネを使うと
なぜ痛みが抑えられるのか、解説(かいせつ)するぞ。

考えてみよう！

モルヒネは、なんの植物から見つかった？

モルヒネは、ある植物の実から見つかったんじゃ。
その植物とはなんじゃろうか。

1 リンゴ

食べると医者いらずといわれる、リンゴじゃないかな？

写真：Yoshi / PIXTA

2 ヘチマ

ヘチマ水がとれるヘチマは、体に効く物質(ぶっしつ)を出してそう！

写真：fumifumi / PIXTA

3 ケシ

花が散った後に大きな実をつける、ケシだワン！

写真：dokosola / PIXTA

こたえは……

③ ケシ

ケシの実に傷をつけると出てくる白い液体（乳液）を集めて、乾燥させたものがアヘン。このアヘンにふくまれているのがモルヒネなんじゃ。

モルヒネと痛みの関係

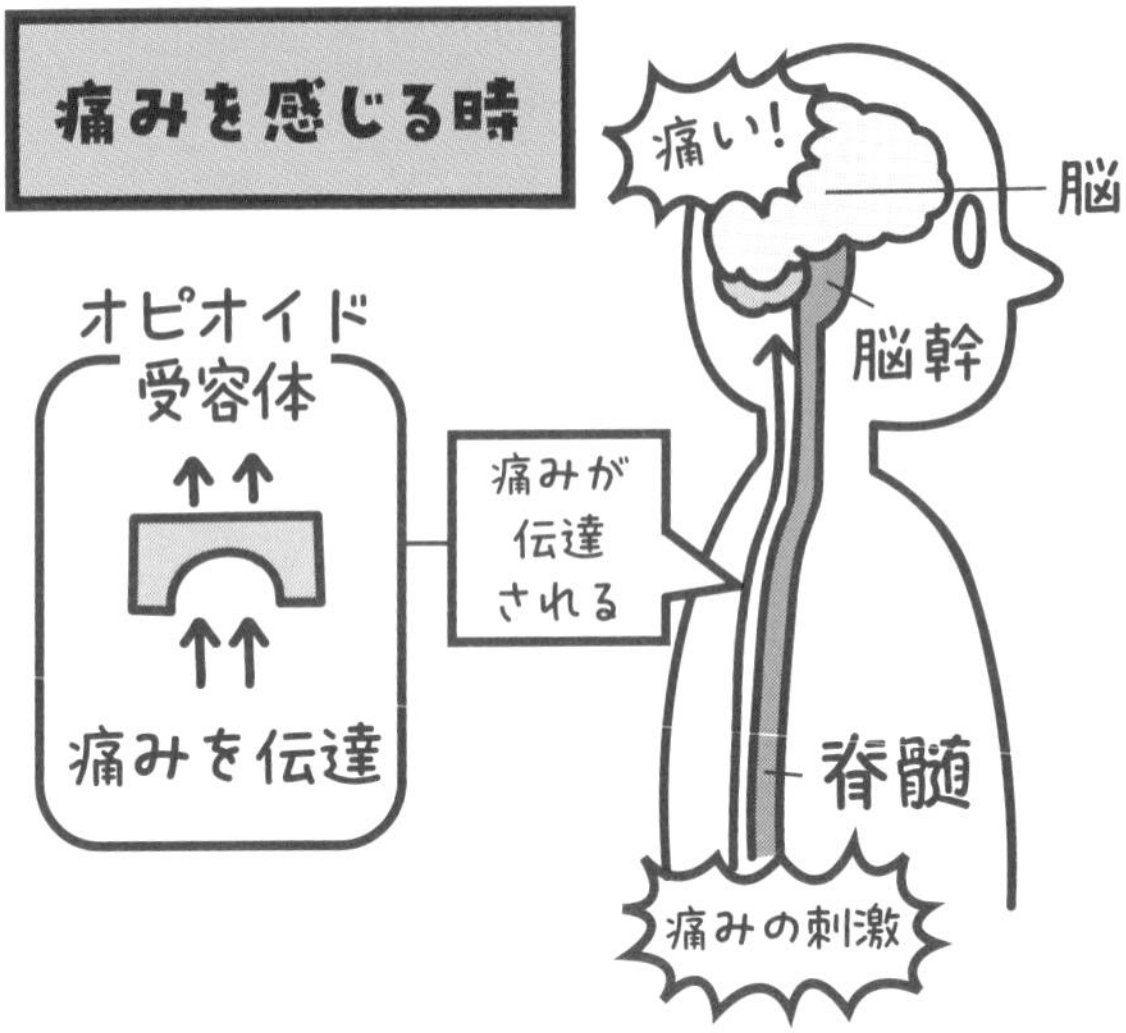

モルヒネは神経に働きかけて、痛みを抑える

モルヒネは、どのようにして痛みをやわらげるのでしょうか。まず、痛みが生じるしくみを見てみましょう。例えばけがをしたとき、けがをした部位（手や足など）から痛みの情報が神経を流れま

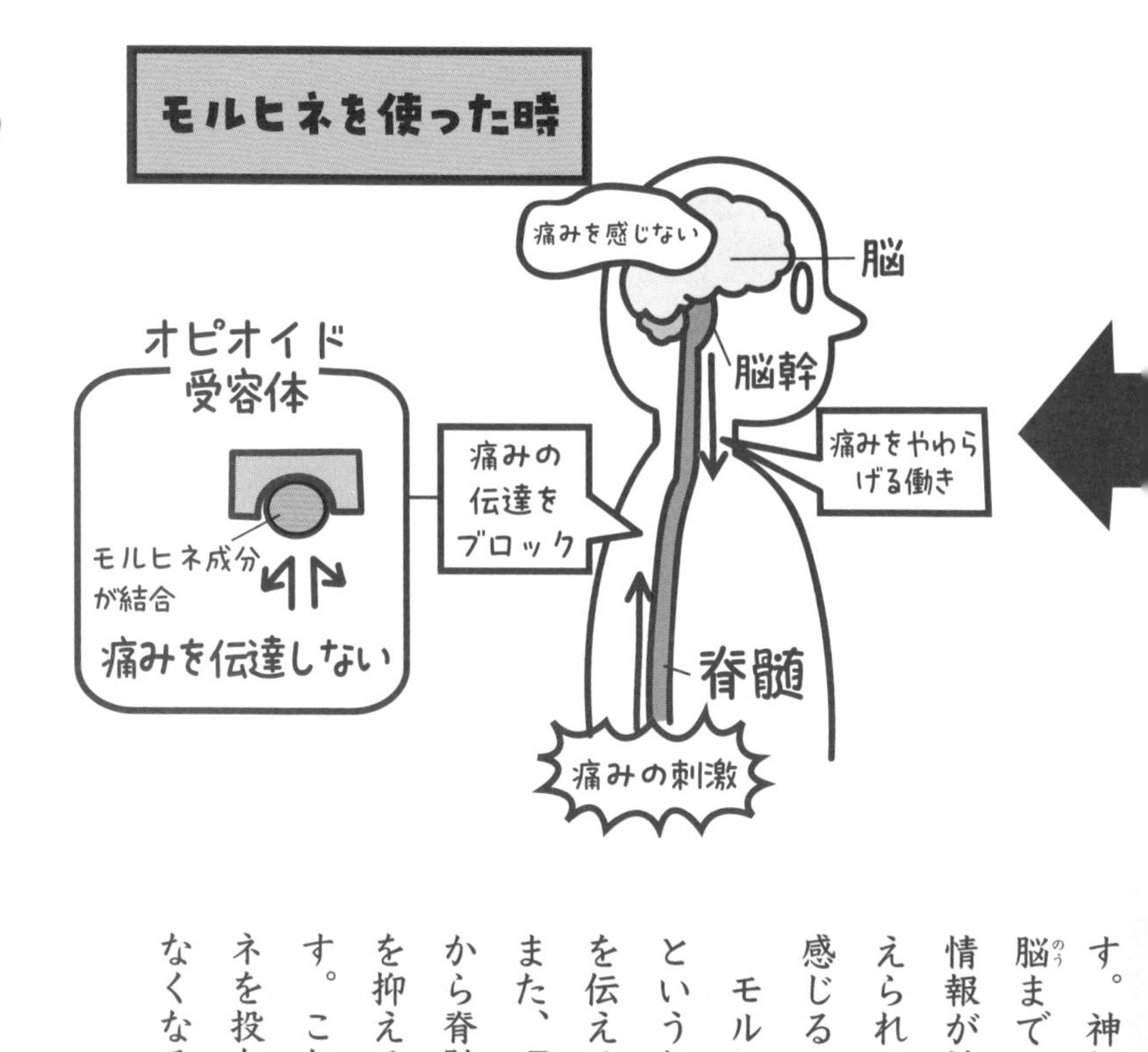

す。神経は背骨(せぼね)の中にある脊髄(せきずい)で脳(のう)までつながっています。痛みの情報が神経や脊髄を通って脳に伝えられると、私たちは「痛い！」と感じるのです。

モルヒネは、オピオイド受容体(じゅようたい)という部分に働きかけてこの痛みを伝える神経の活動を抑えます。また、「脳幹(のうかん)」とよばれる脳の部位から脊髄につながっている、痛みを抑える神経の活動を活発にします。これらの働きにより、モルヒネを投与された患者は痛みを感じなくなるのです。

おもなオピオイド鎮痛薬

分類	薬	特徴
強オピオイド 薬の量を増やすほど効果が上がっていく	モルヒネ	鎮痛作用は強い。副作用もある（便秘、吐き気、眠気など）。がんなどの鎮痛に用いられる。
	オキシコドン（化学合成薬）	鎮痛作用は強い。モルヒネよりも副作用がやや少ない。がんなどの鎮痛に用いられる。
	フェンタニル（化学合成薬）	鎮痛作用は強い。がんなどの鎮痛に用いられる。アメリカでは濫用死が問題化している。
弱オピオイド 薬の量を増やしても、あるところで効果が変わらなくなる	コデイン	鎮痛作用はおだやか。がんの鎮痛や咳止めに用いられる。
	トラマドール（化学合成薬）	鎮痛作用はおだやか。がんや慢性疼痛（痛みが続く病気）の鎮痛などにも用いられる。

モルヒネが結合する受容体

モルヒネは、神経の「**受容体**」とよばれる部分に結合することがわかっています。モルヒネが結合する受容体は、「オピオイド受容体」とよばれています。オピオイド受容体は全身にあり、モルヒネがオピオイド受容体に結合することで、痛みを抑えるだけでなく、呼吸や消化管の運動も抑え、便秘や吐き気といった副作用が生じてしまうのです。

オピオイド受容体に結合して働く鎮痛薬は「オピオイド鎮痛薬」とよばれています。オピオイド鎮痛薬にはいくつかの種類があり、痛みの程度や種類などによって使い分けられています。

化学合成薬
化学反応を用いて化合物をつくる化学合成という方法で人工的につくられた薬。

受容体
外部からやって来るいろいろな物質を選んで受け取るタンパク質。

モルヒネは、痛みから人々を救った

モルヒネは、古くより鎮痛薬として利用されてきたアヘンから見つかったよ。依存性のある麻薬としての側面もあるけど、強い鎮痛作用を持ち、痛みに苦しむ多くの人々を救ってきたんだ。特に、がんのつらい痛みを取りのぞくことで、患者の療養生活の質を上げてきたよ。

モルヒネは痛みを消す〝万能選手〟だけど、便秘や吐き気といった副作用もあるんだ。そのため、モルヒネの副作用を減らす薬の研究がされていたり、副作用の少ない、強力な鎮痛薬も研究されたりしているよ。

プラスワン

悪魔を祓うための古代の薬

科学的に薬が開発されるはるか昔、薬はどのようなものだったのでしょうか。そもそも病気に対する考え方も現在とはちがい、薬に求めることもちがっていたようです。

病気の原因は悪魔 悪魔が嫌がるものが薬

古代の人々も、歯の痛みや高熱に苦しむことはあったでしょう。医学の知識がないころ、病気は悪魔が体内に入ることで起こると考えられていました。そのため治療にあたったのは、お祓いやまじないを行う祈禱師でした。治療には悪魔が嫌がるにおいを放つものなどが薬として用いられ、植物のほか、動物の糞や腐った肉などの汚物が使われたといわれています。アヘンなどについて記録されていたメソポタミアの粘土板にも、薬として記されていたのは、いわゆる汚物のようなものが中心だったのです。

薬の研究が活発になっても、汚物を使った薬の考え方は根強く残っていました。17世紀に活躍したイギリスの化学者で「近代化学の祖」ともよばれたロバート・ボイルも、病気の治療に汚物の使用をすすめていたといわれています。科学者であっても、汚物の薬を信じていたのです。

自然の草をなめて薬を探した古代中国の「神農」

古代中国では、伝説上の帝王である神農が薬の研究を始めたとされています。神農は、自然界にある草などを一つ一つなめて、薬としての効果があるかどうかを確かめたという言い伝えが残っています。その成果をまとめたものが『神農本草経』で、３６５種類の植物・動物・鉱物由来の薬を、上薬、中薬、下薬に分類。上薬は「無毒のもの」、中薬は「無毒のものと有毒のもの」、下薬は「毒が多く、長く服用してはいけないもの」としました。原本は残っていないものの、内容はその後の解説書などに受けつがれ、その薬についての考え方は長く生かされました。

神農は伝説上の存在ですが、人々が苦労しながら、薬を探し求めたことを表していると考えられています。神農は、何度も毒にあたり、そのたびに薬草の力で回復するということを繰り返しましたが、最後は毒草にあたって亡くなったとされています。

薬草を口にする神農。『歴代君臣圖像』（国立国会図書館蔵）

医学の基礎を築いた「医学の父」ヒポクラテス

病気に対して初めて科学的な治療に取り組んだといわれているのは、古代ギリシャの医師、ヒポクラテス(紀元前460年ごろ~紀元前370年ごろ)です。それまでのお祓いやまじないから脱して、医学の基礎を築いたことから「医学の父」とよばれています。

ヒポクラテスは、人間にもとから備わっている自然治癒力を重視し、そのために栄養のある食事や適切な休息を取ることが大切だと語っています。例えば「汝の食事を薬とし、汝の薬は食事とせよ」という言葉を残しています。食事によって自然治癒力を高めることが、病気の治療や予防につながるということです。現在ではあたりまえのことですが、当時は画期的な考え方だったのです。

とはいえ、食事や休息で症状が改善しない時は、薬も使いました。高熱に対してはヤナギの木の皮(p.66)、ものを吐き出させるためにはヘレボラスという植物(クリスマスローズの仲間)の根など、自然界にあるものを使ったようです。ヘレボラスは、猛毒として有名なトリカブトと同じ「キンポウゲ科」で、有毒植物でもあります。毒は使い方しだいで薬にもなるのです。

さらに、薬で治らない時は手術も行いました。催眠海綿というもので患者の意識を失わせ、手術を行っていたと伝わっています。

科学的な治療を行ったヒポクラテスですが、

疫病の原因は汚れた空気であるとする「ミアズマ（瘴気）説」を唱えるなど、今考えると非科学的な部分もありました。

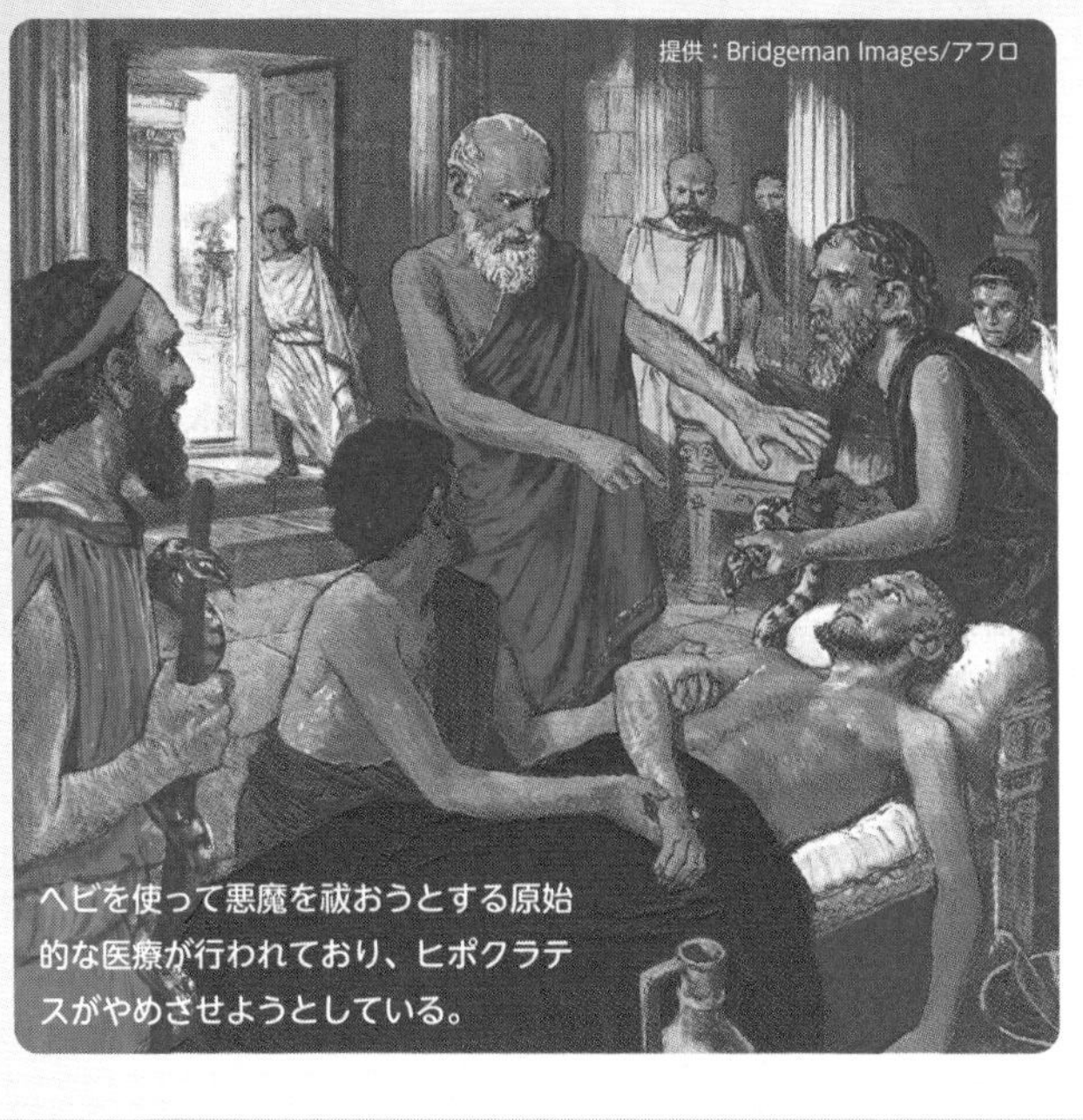
提供：Bridgeman Images/アフロ

ヘビを使って悪魔を祓おうとする原始的な医療が行われており、ヒポクラテスがやめさせようとしている。

現在も医療の基本を示すヒポクラテスの誓い

ヒポクラテスは、世界初の医学校をつくったといわれています。そして医師の心がまえとして「医術を授けてくれた先生に感謝すること」「最大限に患者の利益を考えること」「患者の秘密を守ること」などを求めました。これらは「ヒポクラテスの誓い」とよばれ、現在も医学生の学びに取り入れられたり、病院で働く人たちに共有されたりしています。

弟子によってまとめられた『ヒポクラテス全集』は、2000年以上にわたって医療の教科書とされました。

2章

手術の痛みの救世主 麻酔薬

手術になくてはならない麻酔薬。痛みをがまんするしかなかった手術が、痛みを感じずに受けられるようになりました。

麻酔薬の開発年表

紀元前

4世紀ごろ
古代ギリシャではヒポクラテスが「**催眠海綿**」を麻酔として使っていた。

▼ p.28

催眠海綿は、これ以降2000年ものあいだ使用される

1世紀ごろ
古代ローマではディオスコリデスが「**マンドラゴラ酒**」を患者に飲ませ、手術を行っていた。

▼ p.29

2世紀ごろ
中国の華佗が「麻沸散」という麻酔薬を発明し、手術を行った。

▼ p.30

次のページから、くわしく見てみるぞ

1846年
ウェルズの弟子、モートンが、エーテルを用いた全身麻酔に成功。

▼p.36

1844年
アメリカのウェルズが、亜酸化窒素を麻酔に用いて歯をぬく。

▼p.33

歯の治療にも麻酔は欠かせないね。

1847年
イギリスのシンプソンが、クロロホルムを麻酔に用いて出産の痛みをやわらげる方法を発表。

1804年
日本の華岡青洲が「通仙散（麻沸散）」という麻酔薬を用いた乳がんの手術に成功。

▼p.30

世界初の全身麻酔

1884年
オーストリアのコラーが、コカインを局所麻酔に用いた白内障（目の病気）の手術に成功。

▼p.34

世界初の局所麻酔

▼p.32

1799年
イギリスのデイビーが、亜酸化窒素の作用を発見。「笑気ガス」と名づける。

ヒヨス、マンドラゴラ、チョウセンアサガオ
いずれもナス科の有毒植物。幻覚症状などの毒性がある。

かつての手術は、痛みとの戦いだった

麻酔薬とは、痛みや意識を一時的になくす薬のことで、手術に不可欠なものです。麻酔には、痛みと意識を両方なくす「全身麻酔」と、痛みだけをなくす「局所麻酔」があります。現代のようなすぐれた麻酔薬がなかったころ、手術は、痛みにもがき苦しむ患者を押さえつけて行うものでした。痛みのない手術は患者や医師にとって、なんとしてでも叶えたい夢だったのです。

人々が痛みと戦っていた最古の記録は、紀元前3000年ごろまでさかのぼります。シュメール人がつくった粘土板には、鎮痛薬としてケシのほか、有毒植物の**ヒヨス**、**マンドラゴラ**といった名が刻まれていました。こうした植物はのちに、手術の麻酔薬として使われるようになります。

紀元前4世紀ごろの古代ギリシャでは、医師のヒポクラテスが、ケシからつくられるアヘンや、ヒヨス、**チョウセンアサガオ**などの混合液を海綿というスポンジ状の生物にふくませて乾燥させたもの（催眠海綿）を医療に

用いていました。催眠海綿を温かい湯で湿らせて立ちのぼる蒸気を患者に吸わせて、患者の意識をなくしていたということです。しかし実際には、この方法での麻酔効果は薄かったと考えられています。

また、1世紀ごろの古代ローマでは、ギリシャ人医師のディオスコリデスがマンドラゴラの根をワインに漬けたマンドラゴラ酒を患者に飲ませ、手術を行っていました。マンドラゴラ酒には中毒により、痛みを数時間なくす働きがあったとされています。こうした原始的な麻酔薬が、近代的な麻酔薬へとつながっていくのです。

麻酔薬は、大昔から必要とされていたんだね。

世界初！ 全身麻酔手術に成功した日本人

世界で初めて全身麻酔による手術を行ったのは、日本人医師の華岡青洲（1760～1835年）です。和歌山県に生まれ、医師を志して京都で医学を学んでいた青洲は、乳がんの手術が進んでいないことを知ります。乳がんを取りのぞくには大手術を行う必要があり、それには全身麻酔薬の開発が欠かせないと青洲は考えました。そして故郷の和歌山に戻り、診療のかたわら麻酔薬の研究に打ちこむこととなります。

青洲は多くの本を読み、チョウセンアサガオと**トリカブト**という植物が、麻酔薬として効き目がありそうだと考えました。これらは中国で昔から鎮痛薬として使われていたものだったのです。長年の研究のすえ、青洲は、チョウセンアサガオとトリカブト、そのほか数種類の薬草を調合した麻酔薬「**通仙散**（別名・**麻沸散**）」を、ついに完成させました。研究には母と妻が協力し、試作の麻酔薬を飲んだ母は亡くなり、妻は副作用で失明した

トリカブト
キンポウゲ科の有毒植物。

通仙散（麻沸散）
「麻沸散」は中国の名医、華佗が用いたとされる伝説の麻酔薬から名をとったといわれている。

青洲の通仙散は
飲むタイプの麻酔薬だったよ。

ともいわれています（諸説あり）。

そして１８０４年、通仙散を用いた乳がん患者の全身麻酔手術が行われ、無事に成功しました。そして青洲はその後も通仙散を使用した全身麻酔手術を続けたのです。

手術の成功により、多くの患者や医学生が青洲を訪れるようになります。青洲は診療所と医学校を兼ねた「春林軒」を設立。診療と医師の育成を行いました。

一方で、彼は自分の医術を限られた弟子にしか公開せず、著作も残さなかったことから、通仙散の正確なつくり方は今もわかっていません。

「笑わせるガス」で歯をぬいた

ハンフリー・デイビー 1778-1829

イギリスの化学者・発明家。いろいろな気体の医療への応用を研究していた時に、亜酸化窒素の作用を発見した。

日本の華岡青洲が麻酔薬の研究をしていたころ、ヨーロッパでも麻酔作用のある物質が見つかっていました。イギリスの化学者である**ハンフリー・デイビー**が研究中に亜酸化窒素（一酸化二窒素）というガスを吸ったところ、顔の筋肉がまひしてしまったのです。1799年のことでした。亜酸化窒素を吸いこむと笑っているような顔になることから、デイビーはこのガスを「笑気ガス」と名づけました。

笑気ガスはアメリカに伝わり、娯楽用途として劇場で広く使われるようになりまし

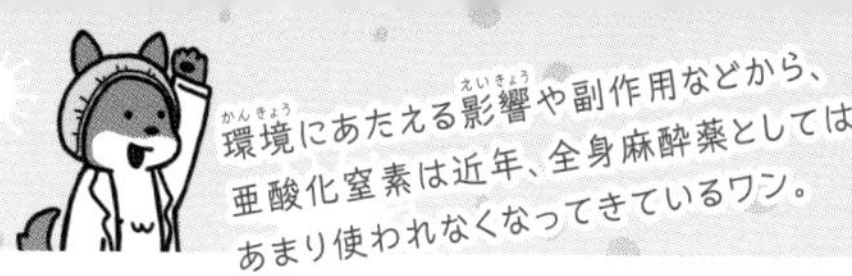

た。笑気ガスを吸った人は、ちょっとした刺激を受けただけで笑いだしたり足元がおぼつかなくなったりするので、ショーが盛り上がったのです。

ある日、このショーを見に来ていた歯科医の**ホーレス・ウェルズ**は、舞台で笑気ガスを吸った人がフラフラになって椅子に足をぶつけ、血を流しているのに痛がらないことに気がつきました。そして、治療で歯をぬく時に笑気ガスを使うことを思いつきます。笑気ガスを事前に患者に吸わせれば、痛みを感じさせずに歯をぬけるのではないかと考えたのです。

1844年、ウェルズは笑気ガスを吸い、意識がなくなった状態で友人の歯科医師に奥歯をぬいてもらいました。抜歯を終えたウェルズは無事に目覚め、しばらくのあいだ、痛みを感じることもありませんでした。笑気ガス(亜酸化窒素)が抜歯の麻酔に使えることを、ウェルズ自ら身をもって証明したのです。

1868年には亜酸化窒素と酸素を組み合わせた方法が開発され、亜酸化窒素は以後100年以上、全身麻酔薬として使われることとなりました。

ホーレス・ウェルズ 1815-1848

アメリカの歯科医師。自らを実験台にした麻酔には成功したものの、のちの公開手術では失敗してしまう。

偶然見つかった局所麻酔薬、コカイン

◀世界初の局所麻酔による目の手術を行ったカール・コラー。

写真：Mary Evans Picture Library/アフロ

その後、エーテルやクロロホルムなどの麻酔薬も開発され、全身麻酔薬は手術で広く取り入れられていきます。その一方で、意識を保ったまま痛みだけをなくす局所麻酔薬も研究されるようになりました。

世界で初めて見つかった局所麻酔薬は、**コカイン**です。精神分析学の創始者として知られるオーストリアの精神科医、ジークムント・フロイトは、コカインに気分が強く落ちこむうつ状態を改善する働きがあることを明らかにし、使用を積極的にすすめました。一方、フロイトのもとで研究を行っていた眼科医のカール・コラーは、コカインに別の効き目があることを見いだします。目の手術に使える局所麻酔薬を探していた時に、たまたまコカインを舌にのせたところ、しびれて舌の感

コカイン

南米に自生する（自然に生え育つ）コカという植物の葉にふくまれる化学物質。疲労感や空腹感を軽減する薬として利用されていた。

覚がなくなったのです。

コラーは、コカインが目の局所麻酔薬に使えるかもしれないと考え、カエルやモルモットの目にコカインを薄めた液を点眼しました。すると予想どおり、麻酔の効果が見られたのです。1884年、コラーはコカインを麻酔に用いて**白内障**という目の病気の手術を行いました。コカインの溶液を点眼された患者は痛みを感じることはなく、手術は成功しました。

白内障
目のレンズがにごり、視力が低下する病気。

注射で局所麻酔をする方法も考え出された

コラーが手術を行った翌年には、注射によるコカインの局所麻酔法がアメリカの外科医の**ウィリアム・ハルステッド**によって発表されました。コカインを神経の近くに注射することで、その神経がつながっている部位の感覚をなくすことができるのです。この注射による局所麻酔法は、現在でも歯の治療や目の手術に取り入れられています。

ウィリアム・ハルステッド 1852-1922
アメリカの医師。手術で使うゴム手袋を考案したり、乳がん手術の方法を開発したりもした。

現在ではコカインの化学構造を参考に化学合成されたプロカイン、リドカインなどが使われているよ。

エーテルは火や熱などによって発火しやすく危険だから、今は麻酔薬として使われていないよ。

特許の争いで不幸な死を遂げた研究者たち

麻酔薬は医療を大きく前進させただけでなく、発明をめぐる熾烈な特許争いをも生み出しました。よく知られているのが、エーテル（ジエチルエーテル）という物質を使った麻酔をめぐる特許争いです。

笑気ガスの麻酔法を見いだしたウェルズの弟子で歯科医師の**ウィリアム・モートン**は、1846年にエーテルを用いた全身麻酔に成功します。モートンはもともと詐欺まがいのことも行っていた欲深い人間といわれ、エーテルの麻酔薬の特許を取って金もうけをしたいと考えていました。

またモートンは、エーテルの知識を化学者のチャールズ・ジャクソンから得ており、ジャクソンもエーテル麻酔の発明権を主張したため、2人は激しく争うことになります。この争いでモートンの財産は底をつき、精神錯乱状態となってこの世を去りました。一方のジャクソンもアルコール依存症や精神の病をわずらって亡くなりました。

ウィリアム・モートン 1819-1868

アメリカの歯科医師。ウェルズが笑気ガスを使った公開手術で失敗したあと、エーテルを使って公開手術を行い成功した。

手術の痛みの救世主

「麻酔薬」を深ぼりしよう！

麻酔薬によって痛みが
抑えられるしくみを解説するぞ。

考えてみよう！

日本人がつくった世界初の全身麻酔薬の原料は何？

通仙散は、あるものを原料としてつくられたんじゃ。
そのあるものとはなんじゃったかのぉ。

1 ワイン

写真：taka / PIXTA

アルコールだから、
催眠効果がありそう！

2 亜酸化窒素

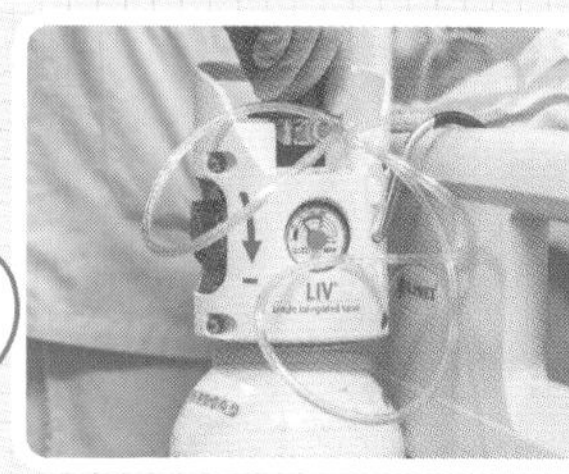

写真：Agence Phanie / アフロ

ガスの、亜酸化窒素
じゃないかな？

3 チョウセンアサガオ

写真：くまこ / PIXTA

植物の、チョウセン
アサガオだワン！

こたえは……

3 チョウセンアサガオ

チョウセンアサガオは古くから鎮痛薬として使われていた植物で、痛みをとる麻酔薬に適していたんじゃ。チョウセンアサガオと数種類の薬草を調合して、通仙散はつくられたんじゃぞ。

全身麻酔では、呼吸や消化、排せつが抑えられる

世界で初めて開発された全身麻酔薬「通仙散」について、そのしくみを見ていきましょう。通仙散の原料であるチョウセンアサガオとトリカブトにはそれぞれ、アコチニンやスコポラミンという有効成分（有毒成分）がふくまれています。これらは、体内の**中枢神経**という部分に働きかけて強い鎮痛作用をもたらす物質です。また、チョウセンアサガオからはもう一つ、アトロピンという成分も得られます。アトロピンは**末梢神経**という部分に働きかけて気管支の筋肉の動きを弱めたり、消化管の運動を抑えたりします。つまり、呼吸や消化といった活動が抑えられるのです。

通仙散のあともさまざまな全身麻酔薬が開発されてきましたが、その**化学構造**に共通点

中枢神経、末梢神経

中枢神経は、脳と脊髄のことで、末梢神経を統括している。
末梢神経は、体の各部と中枢神経を結んでいる。

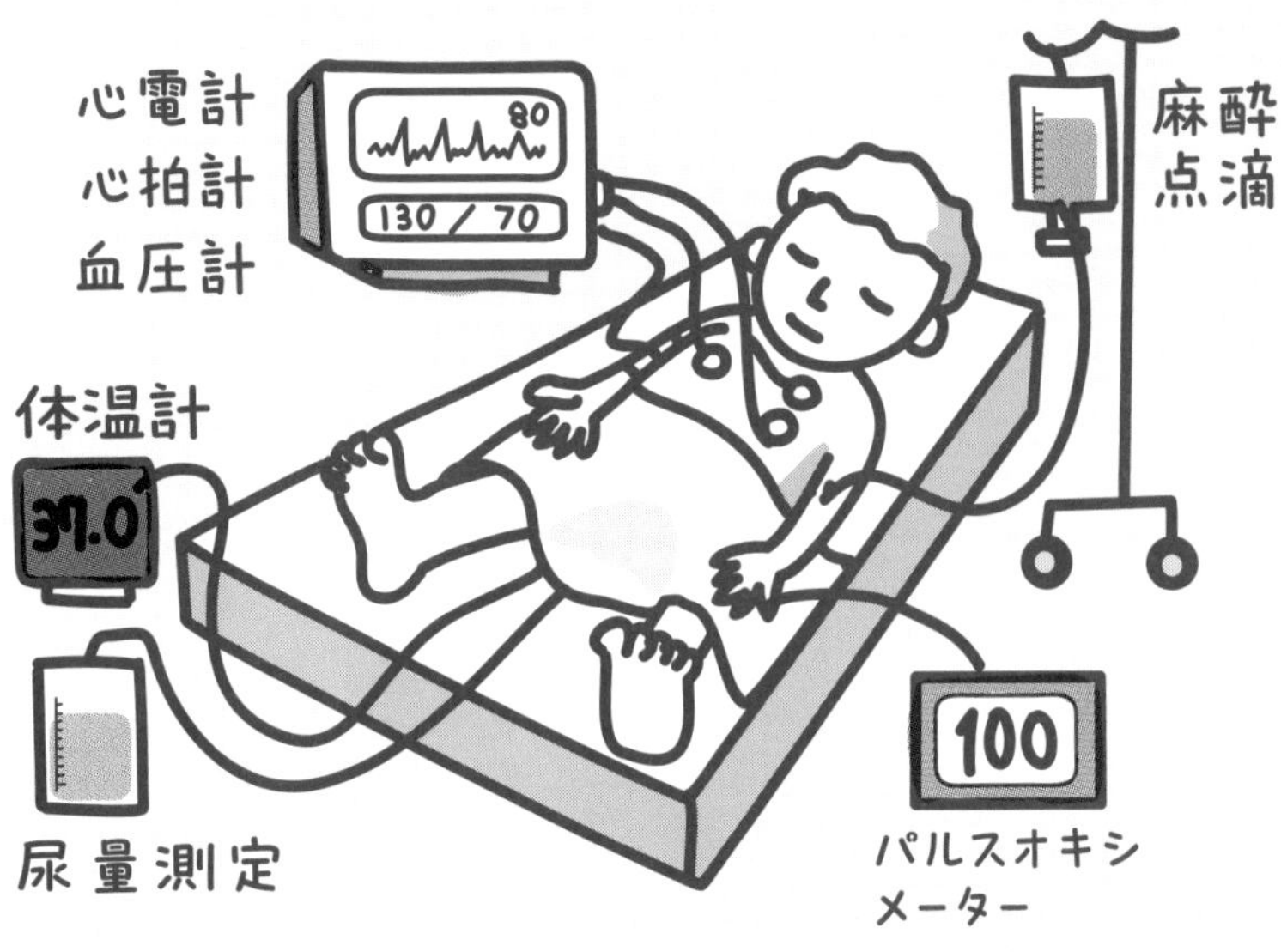

はなく、どのようなしくみで効いているのか、まだよくわかっていないのが現状です。

現代の手術では、点滴を使って麻酔薬を体内に注入するのが一般的です。そのほか、パルスオキシメーターや血圧計、心電計などが装着されます。これらは、手術中の患者の全身状態を監視するための装置です。

全身麻酔では呼吸が抑えられるため、手術中は人工呼吸を行う必要があります。人工呼吸用のチューブを挿入するほか、消化や排せつといった内臓の働きも抑えられるため、胃の中のものや尿を体外に出すためのチューブも取りつけます。手術中は取りつけた装置を見ながら、状況によって麻酔の強度や持続時間などを適切に調節します。

化学構造
ある物質について何の原子がどのように結びついてできているかを示したもの。

神経の情報伝達をじゃますることで、痛みをなくす

局所麻酔は、意識を保ちながら痛みの感覚をなくす方法です。局所麻酔薬はもともとコカインの化学構造をもとに開発されており、芳香環とよばれる、炭素が6つ環状に結合した部分構造（ベンゼン環）を持つのが特徴です。

局所麻酔薬は、神経の情報伝導にかかわる**ナトリウムチャネル**に働きかけ、ナトリウムイオンがこのチャネルを通れなくすることで、痛みの情報が伝わるのをじゃましていると考えられています。

痛みを感じる時

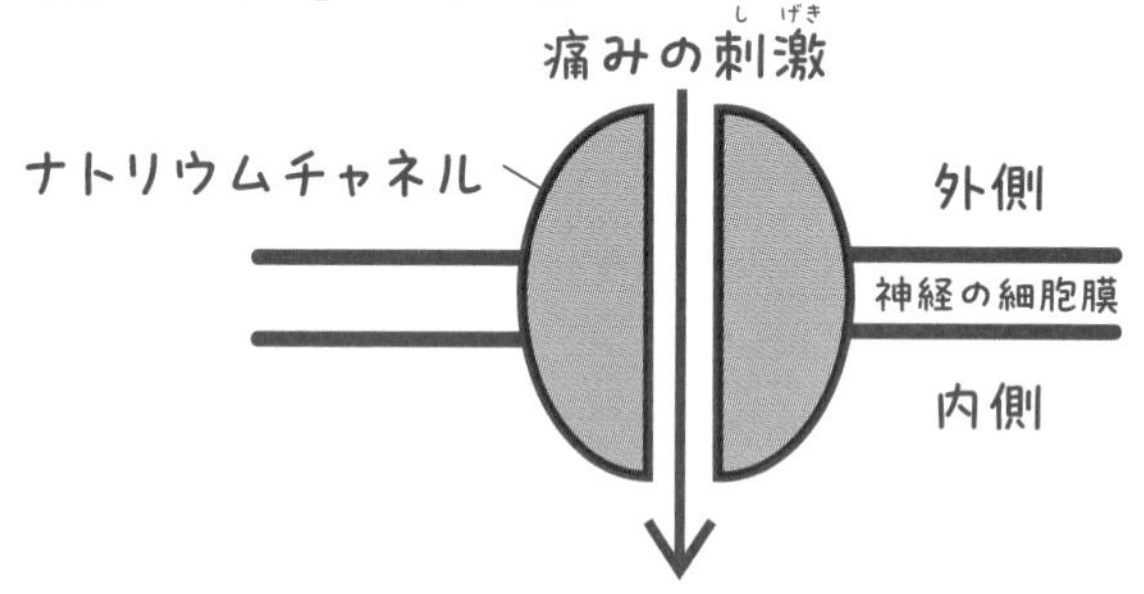

局所麻酔を使った時

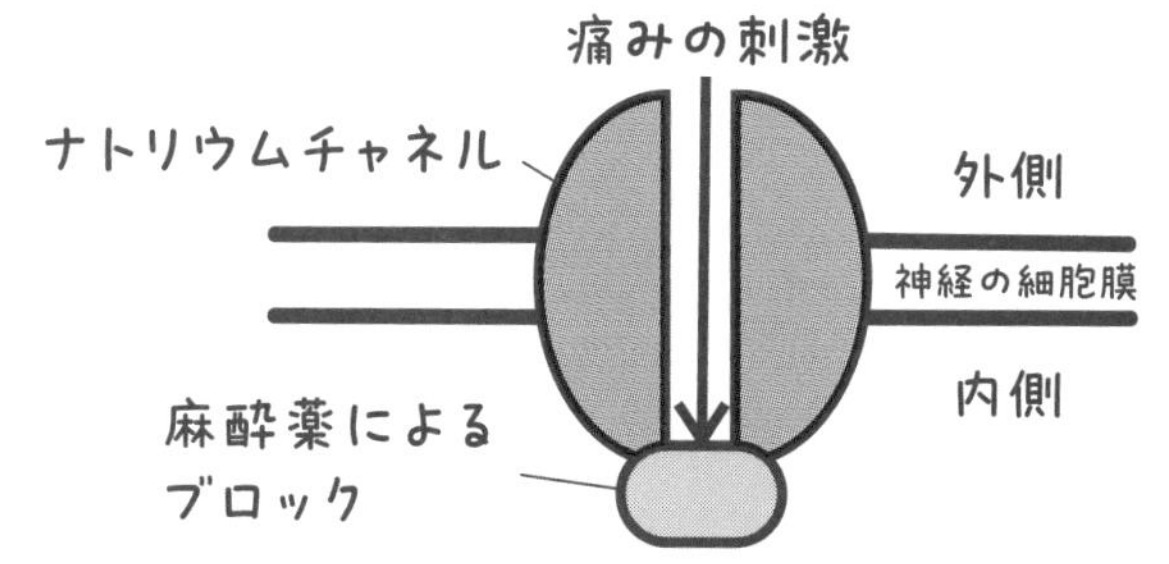

ナトリウムチャネル
細胞膜にあり、ナトリウムイオンを通過させるタンパク質。

2章 まとめ

麻酔薬の開発で、手術から痛みが消えた

古くから植物を用いた麻酔が行われていたけど、亜酸化窒素の全身麻酔作用が発見されたのをきっかけに、近代的な麻酔薬が開発されるようになったよ。全身麻酔薬を使うことで、患者は痛みから解放され、手術を安全に行えるようになったんだ。その後、患者を眠らせずに痛みだけをとる局所麻酔薬も生まれ、目の手術や歯の治療などに使われているよ。

全身麻酔、局所麻酔とともに、これまで多くの麻酔薬が誕生したけど、じつは、どういうしくみで効いているのか、まだよくわかっていないところもあるんだ。

プラスワン

毒と薬は同じもの⁉

毒は人間の健康や命をうばうもの、薬は人間をけがや病気の苦しみから救ってくれるものです。しかし、毒は時には薬にもなり、薬は時に毒にもなります。

自然界にある毒が薬としても利用される

人類は誕生以来、自然界にあるものを口にしたり、生き物と関わったりするなかで人体に害のあるもの、つまり毒の存在を知ったのでしょう。そして、しだいに毒を生活で利用するようにもなったのです。

例えばトリカブトという植物にはアコニチンという有毒物質がふくまれ、人体に入ると唇や舌、手足のしびれ、嘔吐や下痢、血圧低下、脈拍のリズムを崩すなどの症状を引き起こします。場合によってはけいれんから呼吸困難に至り、死亡することもあります。このトリカブトの毒は、矢の先に塗って狩猟に利用されました。一方、トリカブトを加工して毒を弱めることで薬にも利用されることがあります。痛み止めや、新陳代謝（体内で必要なものを摂取し、不要なものを排せつする活動）を高める働きなどがあります。

矢の毒としては、クラーレもよく知られています。クラーレはいくつかの植物からとれる毒の総称で、筋肉の力を弱めたり、まひさせたりします。狩猟で効果を発揮する一方で、この毒は全身麻酔の手術で筋肉の収縮力を弱め、弛緩させるための薬の開発に応用されてもいます。

古くから使われている毒としてはヒ素もあります。ヒ素は自然界の土や水の中にも存在し、ヒ素化合物（亜ヒ酸）の入った水は肌を白くするとして、ヨーロッパの貴族の女性に化粧品としても使われたといいます。しかし、亜ヒ酸が体内に入ると吐き気や下痢、激しい腹痛などを起こし、死亡することもあります。亜ヒ酸は無味無臭のため飲食物に混ぜて暗殺にも利用されました。また、近年まで殺虫剤などに使われていましたが、現在は禁止されています。

その一方で、亜ヒ酸は血液のがんである白血病の一部に対しての治療薬として認められています。毒も使い方しだいで薬になるのです。

写真：海と猫 / PIXTA

花の形が特徴的なトリカブト類。多くの種類がある。

薬として開発されたあと毒性がわかったものもある

薬として開発されたものの、そのあとに毒性が見つかったものもあります。例えば、1957年に西ドイツ（現在のドイツ）で開発された、眠りやすくするための薬であるサリドマイドです。世界四十数ヵ国で販売されましたが、のちに妊娠した女性が服用すると、生まれてくる赤ちゃんの手足や耳などに異常が生じることがわかり、世界的な薬害事件に発展しました。

しかしその後、サリドマイドには抗がん作用やハンセン病という病気の痛みを抑える作用などがあるとわかり、現在は厳格な管理のもと、再び使用されるようになっています。

キノホルムという薬も、あとから毒性がわかりました。1899年にスイスで開発されて、消毒用の塗り薬や、腸の働きを整える飲み薬として世界中で利用されていました。

しかし、1960年代になって、日本で足のまひによる歩行困難などの患者が多発しました。当初は原因がわからず、公害なども疑われましたが、最終的にキノホルムが原因とわかったのです。キノホルムには体内でビタミンB_{12}を破壊する副作用があり、その結果、神経に障害が起き、足のまひなどにつながっていたのです。

その後、キノホルムの研究が進むと、別の効果があることもわかってきました。いまでは脳の病気であるアルツハイマー病患者にも応用可能ではないかとして期待されています。

水も酸素も毒になる。薬は使い方が重要

2023年7月、アメリカで20分間に約2Lの水を飲んだ女性が亡くなりました。死因は、短時間に大量の水を飲んだことで血液中のナトリウムという物質が減少したためだということです。このような症状を「水中毒」といいます。

人間が生きるために欠かせない酸素も毒になることがあります。例えば、ふだん呼吸している空気には約21%しか酸素はふくまれていませんが、高濃度の酸素を長時間吸い続けると、肺に障害が発生し、死亡することがあります。このような症状を「酸素中毒」といいます。

薬も正しい量を正しく使うことが大切です。ドラッグストアで自由に手に入るような薬でも、適量を超えて使った時などに意識障害を起こすなど、命にかかわることすらあるのです。

薬剤師による服薬指導は、薬を正しく使うためにとても重要。 写真：miyuki ogura / PIXTA

3章

マラリアの特効薬(とっこうやく)

キニーネ

人々を長年苦しめてきたマラリアの治療薬(ちりょうやく)、キニーネ。南米ペルーのキナノキから見つかった「奇跡(きせき)の薬」です。

キニーネの開発年表

紀元前(きげんぜん)

8000年ごろ〜

定住農耕(ていじゅうのうこう)の開始。集落の水辺に蚊(か)が繁殖(はんしょく)し、**マラリア**の流行が始まる。

▼p.48

マラリアは蚊を介(かい)してマラリア原虫(げんちゅう)がヒトに感染(かんせん)するよ。

紀元前

14世紀(せいき)

ツタンカーメン王が死去(しきょ)。死因(しいん)の一つはマラリアだったという説がある。

▼p.49

大航海時代(だいこうかいじだい)

（15世紀半ばごろ〜）

ヨーロッパ人が世界各地に進出する。

▼p.50

キナ皮から有効成分を取り出すことに成功したよ。

年

フランスのペルティエとカヴェントゥが、キナ皮からキニーネを分離。

1854年

ドイツのストレッカーが、キニーネの分子式を提唱する。

p.54

ホエ～

17世紀半ばごろ

キナ皮がヨーロッパに広まる。

p.51

1944年

アメリカのウッドワードが、キニーネの化学合成に成功。

p.54

次のページから、くわしく見てみるぞ

年

南米ペルーで、キナ皮（キナノキの樹皮を乾燥させたもの）が、マラリアに有効であることが示される。

マラリア治療薬に耐性を持つマラリア原虫が出現。

p.56

古代の王もマラリアに苦しめられた!?

マラリアは、**マラリア原虫**というごく小さな生物がヒトの体内に侵入して起こる病気です。マラリア原虫を体内に持ったハマダラカという蚊に刺されることで感染します。ハマダラカが血を吸う時に、だ液と一緒にマラリア原虫が人体に侵入するのです。マラリアの症状は、熱が上がったり下がったりするのを繰り返すのが特徴で、治療が遅れると死に至ることもあります。マラリア患者は現代でも多く、２０２２年の新規感染者数はおよそ２億５０００万人、死者数は60万人を超えると推定されています。

マラリアは古くからある病気で、定住農耕が始まった時期(紀元前８０００年ごろ)に広まったと考えられています。農耕に必要な水辺の近くに住むと、水辺で繁殖した蚊に刺されてマラリアにかかってしまうのです。

現在、マラリアはアフリカを中心に広まっていますが、かつてはヨーロッパやアメリカ、そして日本でもマラリアの流行が見られました。そし

マラリア原虫
ヒトなどに寄生する単細胞生物で、マラリアを引き起こす。

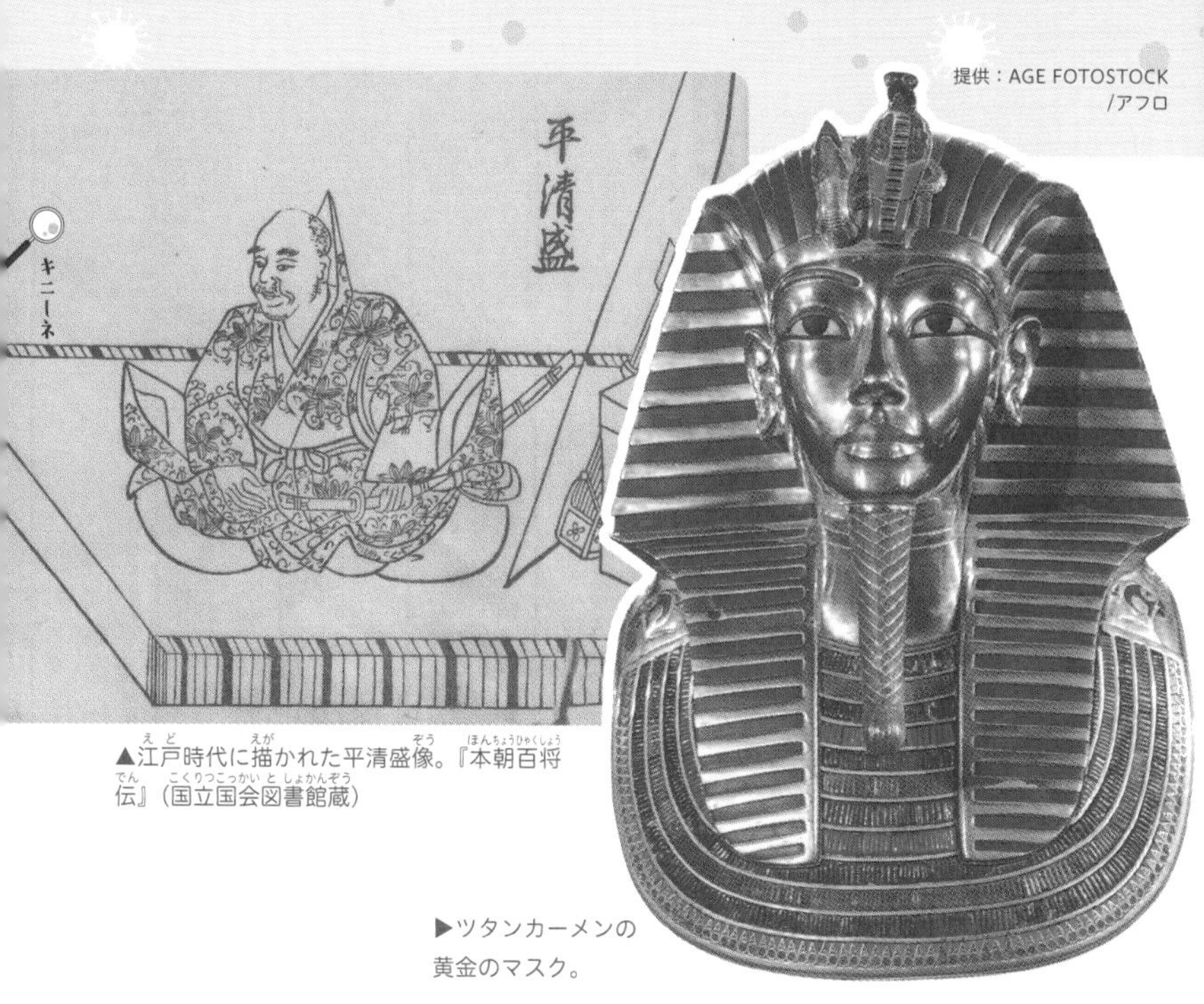

提供：AGE FOTOSTOCK /アフロ

▲江戸時代に描かれた平清盛像。『本朝百将伝』（国立国会図書館蔵）

▶ツタンカーメンの黄金のマスク。

て、マラリアに命をうばわれた人々のなかには、歴史に名を残す人物たちもいたようです。

紀元前14世紀の古代エジプトの少年王、ツタンカーメンは、足の病気やマラリアに感染したことで命を落としたと考えられています。また、平安時代末期に活躍した日本の武将で、平氏政権を樹立した平清盛の死因は、マラリアによる高熱だとする説があります。マラリアの脅威からは、権力者であっても逃れられなかったのです。

日本にも、江戸時代には
キナ皮が伝わっていたと
考えられているワン。

キナノキの樹皮は、マラリアの特効薬だった

　マラリアの有効な治療法が見つからないなか、南米ペルーに自生するキナノキという木に、驚くべき薬効が見いだされます。キナノキの樹皮を乾燥させた「キナ皮」が、マラリアを治す薬になることがわかったのです。

　ヨーロッパの人々が世界各地に進出していった**大航海時代**（15世紀半ばごろ〜17世紀半ばごろ）、海を渡ってペルー（当時のインカ帝国）にも人々がやって来ました。ペルーにもともと住んでいた人々の間では、キナ皮に解熱作用があることが知られていましたが、ペルーに渡ってきた人々もやがてこの秘密を知ることとなります。

　1630年、マラリアを発症したスペインの役人、ロペス・デ・カニザレスがキナ皮の粉末を服用し、回復したといわれています。また、キナノキの根元にたまった水をマラリア患者が飲んだところ熱が下がった、という言い伝えもあるなど、キナ皮の効果が広まったきっかけは諸説あります。

大航海時代

15世紀半ばごろから17世紀半ばごろにかけて、ヨーロッパ諸国が海外に進出し、南北アメリカ大陸などを発見した時代。

17世紀半ばごろ、キナ皮はスペインやイタリアに伝えられ、フランス、ベルギー、イギリス……とヨーロッパ中に広まっていきました。のちに、キナ皮は中国や日本などヨーロッパ以外の国々にも伝わり、その効果は世界に知れわたることとなります。

キナ皮はヨーロッパで称賛を浴び、盛んに輸入されるようになります。しかし、市場には解熱作用がほとんどない質の悪い品なども出回るようになりました。薬効のある良質なキナ皮を見分ける必要があるため、これを機に、キナ皮の科学的な研究が進むようになります。

採集された樹皮の有効成分の量を調べることができれば、粗悪品かどうかを判別できることもあるため、キナ皮にふくまれる有効成分を分離する試みが行われるようになりました。

困難なキナノキの栽培に成功

一方、ペルーでは大量のキナノキが伐採されてしまいました。キナノキはもともと南米アンデス山脈の限られた地域にしか自生していません。そして、たとえ種子を入手できても質の良いキナノキを得るのは困難だったため、ほかの地域に植林することはなかなかできませんでした。

1861年にペルーに住むイギリス人のチャールズ・レジャーは、ボリビアのアンデス山脈に自分の使用人のマヌエル・マクラミを送り、キナノキの種子を集めさせました。集められた大量の種子はその後、インドネシアのジャワ島(当時はオランダ領)に運ばれます。まかれた種子は芽を出し、そこから育った1万本を超えるキナノキのキナ皮には、有効成分がたっぷりとふくまれていました。こうしてジャワ島での大規模栽培は成功し、現在もジャワ島ではキナノキ栽培が続けられています。

ペルーのキナノキ。
提供：Banos del Inca Agrarian Experimental Station/AFP/アフロ

ピエール・ジョセフ・ペルティエ 1788-1842

フランスの化学者。パリ薬学校で教授や副校長を務め、カヴェントゥと共に生薬から有効成分を取り出す研究を行った。

キナ皮から有効成分を分離

18世紀半ば以降、研究者たちはキナ皮にふくまれる有効成分を分離しようと研究に打ちこむようになります。フランスの化学者、**アントワーヌ・フールクロア**は1790年、酸やアルカリ、アルコールなどを用いてキナ皮から有効成分を分離する実験を行いました。フールクロアは、キナ皮から抽出した液体がアルカリ性になることに気がついていましたが、それ以上の研究は行いませんでした。

ポルトガルの医師で化学者のベルナルディーノ・アントニオ・ゴメスは1811年、アルコールを用いてキナ皮から成分を抽出し、ここに水と水酸化カリウムという物質を加えることで結晶を得ました。この結晶は「シンコニン」と名づけられます。

そして1820年、ついにキナ皮の純粋な有効成分が得られます。フランスの化学者、**ピエール・ジョセフ・ペルティエ**とフランスの薬剤師、

いろいろな国で研究されていたんだね。

アントワーヌ・フールクロア 1755-1809

フランスの化学者。ほかの化学者と協力して、化学物質の系統的な名前のつけ方の考案などもした。

ジョセフ・ビヤンネメ・カヴェントゥは、ゴメスが得た結晶が2つの成分の混合物から成ることを明らかにしました。その成分の一つはシンコニン、もう一つは「キニーネ」と名づけられた物質です。このキニーネこそが、マラリアに効く成分だったのです。この発見以降、マラリアの治療にはキナ皮の粉末ではなく、キニーネの結晶が使われるようになりました。

キニーネの化学合成に成功

キニーネが発見されると、その化学構造を明らかにする研究が始まりました。1854年、ドイツの化学者、アドルフ・ストレッカーは、キニーネの**分子式**を提唱します。これをきっかけにキニーネを人工的につくる研究も始まり、じつに90年もの年月を経て、キニーネの化学合成法が完成しました。キニーネの初めての化学合成は1944年、アメリカの化学者、**ロバート・バーンズ・ウッドワード**によって行われました。

分子式

分子をつくる原子の種類とその数を記したもの。$C_{20}H_{24}N_2O_2$がキニーネの分子式。

ジョセフ・ビヤンネメ・カヴェントゥ 1795-1877

フランスの薬剤師。ペルティエとの共同研究で発見した物質として、キニーネ以外にコーヒーのカフェインなどもある。

ロバート・バーンズ・ウッドワード 1917-1979

アメリカの化学者。「20世紀最大の有機化学者」と評価されている。1965年にノーベル化学賞を受賞。

キニーネの化学合成の研究では、意外な発見もありました。キニーネの分子式が発表されてまもない1856年、イギリスの王立化学学校に通うウィリアム・ヘンリー・パーキンは、キニーネの化学合成の研究中に偶然、あることに気づきます。実験に用いたアニリンという物質が、紫色の化合物に変化していたのです。そして、この紫色の物質は繊維を染めるのに利用できることがわかり、「モーブ」と名づけられました。そこで、パーキンは染料会社を設立し、財をなしました。パーキンの発見は、その後に合成染料の開発が進むきっかけとなったのです。

トゥ・ヨウヨウ（屠呦呦） 1930-

中国の薬学者。アルテミシニンの開発により、2015年に中国人初のノーベル生理学・医学賞を受賞した。

新たなマラリア治療薬が開発される

キニーネはマラリア治療の第一線で用いられていましたが、頭痛や吐き気などの副作用もありました。そのため、キニーネの化学構造をもとに、副作用の少ないマラリア治療薬、クロロキンが開発されます。しかし、クロロキンに耐性を持つマラリア原虫があらわれたため、やがてクロロキンは効かなくなってきました。

そんな状況下、新たなマラリア治療薬の研究が始まります。中国の女性薬学者、**トゥ・ヨウヨウ**は1972年、中国で解熱薬として使われていたキク科の植物、黄花蒿（和名は**クソニンジン**）から、マラリア原虫を死滅させる物質である「青蒿素（アルテミシニン）」を取り出すことに成功しました。

アルテミシニンを治療に取り入れることなどで、マラリアによる死者数は大幅に減少したものの、今度はこのマラリア治療薬耐性を持つマラリア原虫も出現し、新たな問題となっています。

クソニンジン

独特の香りを持つキク科の植物。中国では広い地域で見られ、日本でも古くに伝わったものが野生化している。中国名は黄花蒿で、ヨモギの仲間。

マラリアの特効薬

「キニーネ」を深ぼりしよう！

キニーネはマラリアに対して
どのように働くのか、解説（かいせつ）するぞ。

考えてみよう！

キニーネの原料であるキナノキの原産地はどこ？

キナノキはもともと、世界のある地域にしか生えていない木だったんじゃ。その地域はどこじゃろうか。

1 アルプス山脈

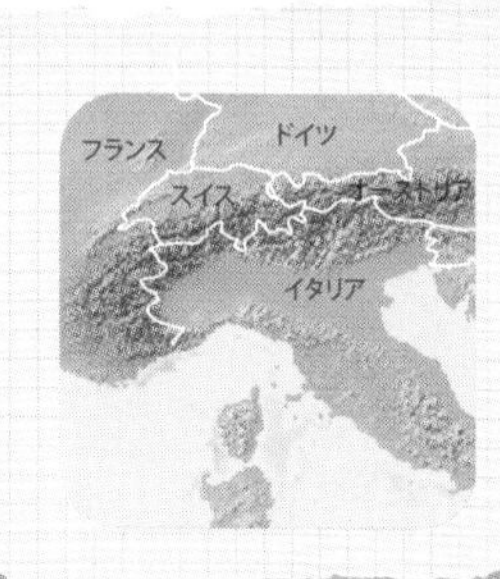

ヨーロッパにそびえる、
アルプス山脈だワン！

2 アンデス山脈

南米大陸の西側を走る、
アンデス山脈じゃないかな？

3 中国の四川省（しせんしょう）

生薬がとれる地域だから、
薬効のある木が生えていそう！

こたえは……

② アンデス山脈

キナノキは南米のアンデス山脈が原産じゃ。このキナノキの樹皮からとれるのが、キニーネじゃぞ。アンデス山脈は、金や銀などの鉱物がとれることでも知られているんじゃ。

キニーネは、赤血球にひそむマラリア原虫を攻撃する

キニーネはどうしてマラリアに効くのでしょうか。まず、マラリアの病原体であるマラリア原虫について見ていきましょう。マラリア原虫を持つハマダラカがヒトを刺すと、マラリア原虫がヒトの体内に侵入します。血流にのって肝細胞にたどり着いたマラリア原虫は、細胞の中で増殖し、細胞を壊して外に出ます。ふたたび血中に入ったマラリア原虫は、今度は赤血球に侵入し、増殖します。そして赤血球を壊して出てくると、別の赤血球に侵入し、増殖します……。

このように、マラリア原虫が赤血球を破壊し、増殖を繰り返すことでマラリアの症状があらわれます。キニーネは、赤血球が破壊される前に、赤血球にひそんでいるマラリア原

実際には、マラリア原虫のヒトの体内での動きはとても複雑なんだ。

マラリアの感染例とキニーネの働き

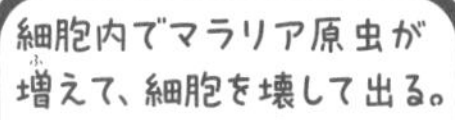

細胞内でマラリア原虫が増えて、細胞を壊して出る。

マラリア原虫が肝細胞に感染。

マラリア原虫が赤血球に侵入。

キニーネ

赤血球内のマラリア原虫を攻撃し、増えるのを防ぐ。

ほかの赤血球に侵入。

ハマダラカが血を吸う時に、マラリア原虫が体内に侵入。

赤血球内でマラリア原虫が増えて、赤血球を壊して出る。

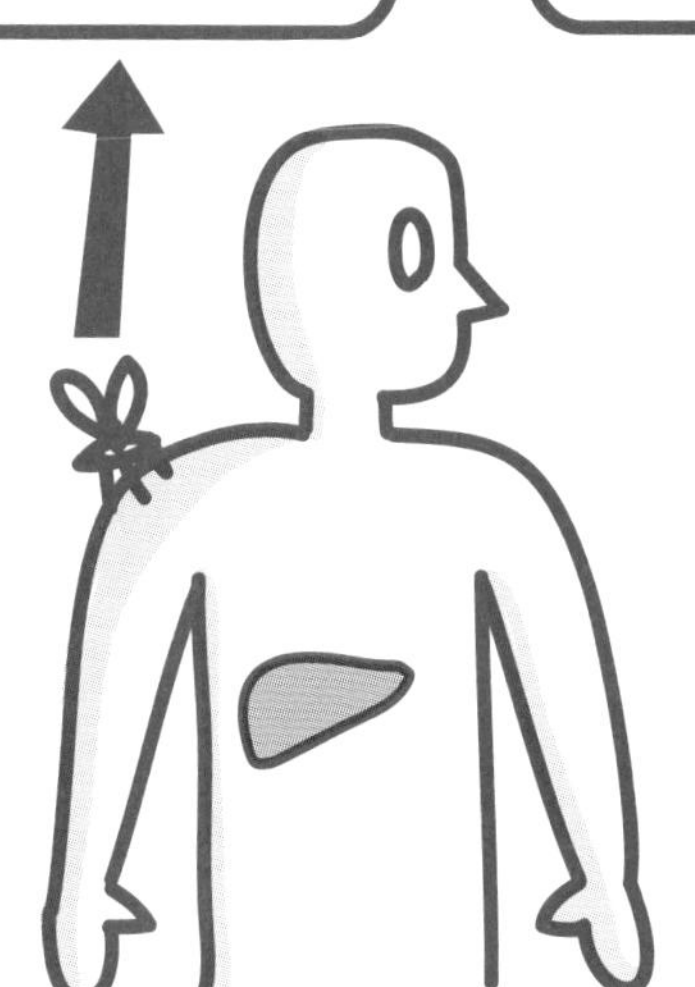

虫を攻撃することで、マラリア原虫のさらなる増殖を食い止めることができるのです。

なお、ヒトに感染するマラリア原虫にはいくつか種類があり、それぞれ生態が少しずつ異なっています。

予防薬を飲んで、感染を防ぐ

ヒトにマラリアを引き起こす原虫はおもに4種類あり、それぞれ「熱帯熱マラリア原虫」「三日熱マラリア原虫」「四日熱マラリア原虫」「卵形マラリア原虫」とよばれます。その種類によって、引き起こされるマラリアが決まっています（熱帯熱マラリア原虫は熱帯熱マラリアなど）。4種類のマラリアのうち、特に重症化しやすいのは、熱帯熱マラリアです。

マラリアにかかった場合には、キニーネやアルテミシニンなどの治療薬が使われますが、マラリアにかかる前に予防薬を飲んでおくことで、感染を防ぐこともできます。また、虫よけスプレーなどで、蚊に刺されないようにすることも大切です。さらには、ワクチン（p.62）の開発も進められようとしています。

マラリアの種類

名前	病原体	病原体の潜伏期間（原虫の侵入後）	発症までの経過	熱発作の間隔
熱帯熱マラリア	**熱帯熱マラリア原虫**	12日ほど	**潜伏期間を経たあと、悪寒、震え、熱発作が起きる**	不定期で短い
三日熱マラリア	**三日熱マラリア原虫**	14日ほど		48時間ごと
四日熱マラリア	**四日熱マラリア原虫**	30日ほど		72時間ごと
卵形マラリア	**卵形マラリア原虫**	14日ほど		48時間ごと

3章 まとめ

マラリア原虫と人間の戦いは、まだ終わらない

マラリアは、マラリア原虫がヒトの体内に侵入して起こる、おそろしい病気だよ。マラリア原虫を持つ蚊に刺されることで感染するんだ。キニーネは、解熱作用があることで知られていたキナノキの樹皮から見つかった物質だよ。キニーネのおかげで、マラリア原虫の増殖を抑(おさ)え、マラリアを治せるようになったんだ。

キニーネに続き、マラリア治療薬が次々に開発されたけど、治療薬に耐性を持つマラリア原虫もあらわれ、薬が効かない例も出てきてしまったんだ。薬剤耐性のあるマラリア原虫との戦いは、今もまだ続いているよ。

病気になるのを防ぐワクチン

薬はおもに病気になった時、症状を抑え、治療に使われます。一方、病気になる前に体内に取り入れておくことで病気になるのを防ぐことができる薬もあり、ワクチンといいます。

ワクチンを取り入れて病気と戦う準備をする

新型コロナウイルス感染症が流行し、感染の拡大を抑えるためにワクチンの接種が進められました。ワクチンを接種することで、発症を抑えたり、発症した時の症状を軽減したりすることが期待されたのです。

感染症は、細菌やウイルスなどの病原体が体内に侵入することで発症します。これに対し、ヒトの体は免疫というしくみで抵抗します。最初に病原体が侵入した時に働く免疫を自然免疫、二度目に侵入してきた時に働く免疫を獲得免疫といいます。獲得免疫は、一度目の侵入を覚えているために、より効果的に抵抗でき、発症を防いだり、症状を抑えたりできるのです。

ワクチンは、病原体の力を弱めたものを体内に取り入れることで人工的に獲得免疫をつくります。症状の軽い病気にかかるようなイメージです。

生ワクチンと不活化ワクチン

現在使われているワクチンは、おもに感染症に対するものです。感染症のおもなワクチンは、原因となる細菌やウイルスをもとにつくられます。その種類は、大きく生ワクチンと不活化ワクチンに分けられます。

生ワクチンは、病原体となる細菌やウイルスの毒性を弱めたものを原材料につくられます。生きている細菌やウイルスの毒性をコントロールしてつくられるので、もう一つの不活化ワクチンに比べて「免疫」を持続させる期間が長く、接種回数が少なくてすむというメリットがあります。一方で、熱が出たり、肌に異常があらわれたり、副反応は多くなる傾向にあります。生ワクチンには麻疹(はしか)やおたふく風邪などのワクチンがあります。

不活化ワクチンは、病原体となる細菌やウイルスの感染能力を失わせたり、無毒化したりした(不活化させた)ものを原材料につくられます。副反応は少ない点がメリットですが、「免疫」の力が生ワクチンに比べて弱いため、複数回の接種が必要になります。不活化ワクチンには、インフルエンザや百日咳などのワクチンがあります。

新型コロナウイルス感染症では、病原体を使わない「mRNA(メッセンジャーRNA)ワクチン」がつくられました。病原体の設計図の一部を人工的につくり、ワクチンとしました。

ワクチン開発の始まりとなった天然痘

ワクチンを世界で初めて使用したのは、18世紀のイギリスの医師、エドワード・ジェンナーです。当時、ヨーロッパでは天然痘という感染力の強いウイルス感染症が大流行していました。天然痘は、感染すると急な発熱や頭痛などを発症し、その後、発疹が全身に広がる病気で、多くの人が亡くなっていました。

天然痘の患者を診療していたジェンナーは、都会より農村の女性のほうが天然痘にかかる人数が少ないことをふしぎに思っていました。かつてジェンナーは農場で乳しぼりの仕事をする女性から「牛痘にかかった人は天然痘にかからない」という話を耳にしていました。牛痘はウシがかかる天然痘に似た病気で、感染したウシの吹き出物に触れることでヒトが感染することもありましたが、天然痘より症状は軽度でした。

ジェンナーは、牛痘の病原体をあらかじめ体の中に入れておけば天然痘を予防できるのではないかと考え、人体実験を行いました。牛痘にかかった女性の吹き出物からうみを取り出し、8歳の少年に接種しました。その数週間後、今度は天然痘の患者から取り出したうみを、その少年に接種したのです。これは危険な行為でもありましたが、結果はジェンナーの予想どおり、少年は天然痘にかかりませんでした。

しかし、ジェンナーは天然痘の予防以外にこの方法を用いることを考えませんでした。その後、フランスの細菌学者、ルイ・パスツールが、ジェンナーの天然痘予防法に「ワクチン」という名前をつけ、ほかの病気への応用に着手。研究の結果、狂犬病やニワトリコレラ菌などのワクチンの開発に成功しました。これをきっかけに、今ではさまざまな感染症の予防にワクチンが使われるようになっています。

エドワード・ジェンナー
提供：Bridgeman Images/アフロ

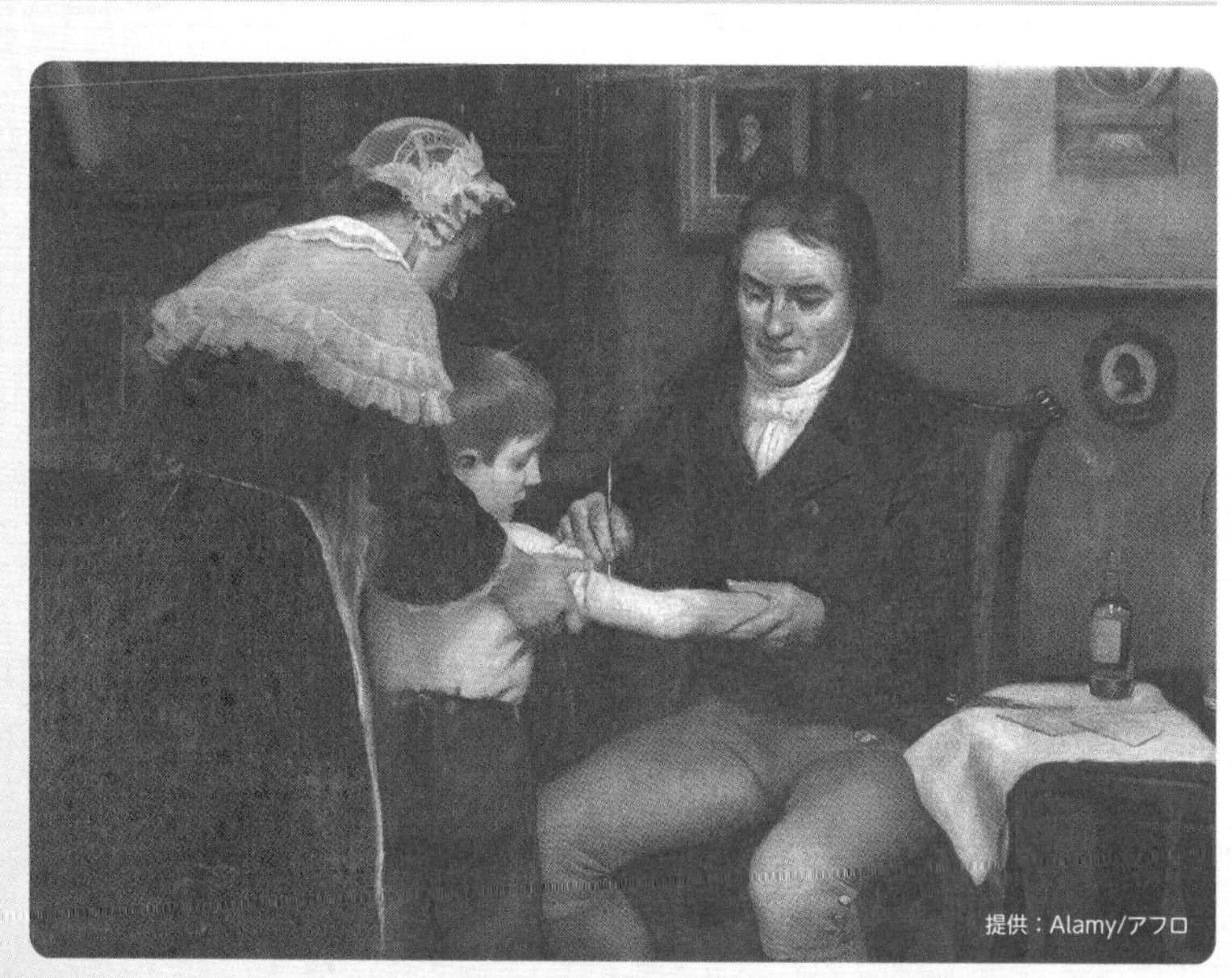

提供：Alamy/アフロ

ジェンナーが牛痘の病原体を子どもに接種するようす。

4章

薬の王様

アスピリン

古くから高熱や痛みに対して使われてきたセイヨウシロヤナギ。その成分の研究から、世界で最も有名な薬が誕生しました。

アスピリンの開発年表

紀元前〜紀元後

古代ギリシャや古代ローマでセイヨウシロヤナギが薬として使われる。

p.68

世界各地で解熱や鎮痛のためにヤナギの樹皮が用いられる。

18世紀に描かれたセイヨウシロヤナギの絵。

提供：Science Photo Library / アフロ

1828年

ヤナギの樹皮から有効成分の結晶が取り出される。

p.70

有効成分は「サリシン」と名づけられたワン。

1835年

セイヨウナツユキソウから有効成分が分離され、「スピール酸」と名づけられる。

▼ p.70

1853年

サリチル酸とスピール酸が同じものだとわかる。

▼ p.70

1870年

サリシンがヒトの体内でサリチル酸に変わることがわかる。

▼ p.70

1897年

ドイツのバイエル社のフェリックス・ホフマンが、純粋なアセチルサリチル酸の化学合成に成功。2年後に「アスピリン」の商品名で販売開始。

▼ p.73

120年以上経った今も使われているよ。

ホエ～

1971年

アスピリンが体内で働くしくみを解明。

▼ p.78

20世紀半ば以降

さまざまな病気の予防や治療にアスピリンを使用する研究が進められている。

▼ p.75

次のページから、くわしく見てみるぞ

世界各地で知られていたヤナギの効き目

ヤナギの樹皮に痛み止めの効果があることは、世界各地で自然と知られていました。例えば、アメリカ先住民は痛みをやわらげるために、ヤナギの樹皮をかんでいたといいます。古代ギリシャの医師、ヒポクラテスや古代ローマの医師、ディオスコリデスもセイヨウシロヤナギの葉や樹皮を使って、痛みや炎症をやわらげたり、熱を下げたりしていたそうです。中国の唐の時代の医学書には、「歯が痛いときにはヤナギの樹皮をかんで、その汁を痛い歯につけるといい」ということが書かれていて、ヤナギの樹皮に痛み止めの効果があることが知られていたことがわかります。ただ、ヤナギの樹皮の効き目は時代の流れのなかで、何度も忘れられたり再発見されたりしました。

有効成分が科学的に理解され始めた

ヤナギの樹皮の薬効を科学的に再発見したのが、18世紀のイギリス、オックスフォードシャーの聖職者、エドワード・ストーンです。ストーンは、マラリア（⇩p.57から深ぼり！）の患者50人にセイヨウシロヤナギの樹皮をあたえてみました。当時、マラリアには南米で育つキナノキの樹皮が有効であることは知られていましたが、高価なため使える人は限られていました。そこで、ストーンは身近にある木の皮でも効果があるかもしれないと考え、セイヨウシロヤナギを試すことにしたのです。樹皮を乾燥させてくだき、水やお茶などの飲み物に混ぜて患者に飲ませると、全員に熱や痛みをやわらげる効果が見られました。1763年にストーンは**イギリス王立協会**の会長に手紙を書いてこの結果を知らせ、同協会はのちにこれを発表しました。

イギリス王立協会
1660年に設立された自然科学の学術団体。科学者の研究成果の発表の場となっていた。

ヤナギの樹皮が薬になることを知っていたんだね。

サリシンは江戸時代末期の日本にも伝わったよ。

その後、ヤナギの樹皮が持つ作用への関心が高まり、19世紀には科学的な研究が盛んになりました。1828年にはドイツの薬学者、**ヨハン・ブフナー**が、ヤナギの樹皮から結晶を取り出し、ヤナギ属の学名の「*Salix*」から「サリシン」と名づけました。1830年にはフランスの薬学者、アンリ・ルルーがセイヨウシロヤナギの有効成分をさらに高い精度で分離、同様に「サリシン」と名づけました。ただ、サリシンは飲むのが大変なほど苦く、実用的ではありませんでした。

同じころ、セイヨウナツユキソウという植物からも、熱を下げたり痛みをやわらげたりする有効成分が取り出され、セイヨウナツユキソウの当時の学名だった「*Spiraea*」にちなんで「スピール酸」と名づけられました。1838年にはイタリアの化学者、ラファエレ・ピリアがサリシンを分解・酸化して無色で味のない結晶をつくり、「サリチル酸」と名づけました。やがて、スピール酸とサリチル酸は同じ物質であることがわかり、1870年にはサリシンが、ヒトの体内でサリチル酸に変わることがわかりました。

ヨハン・ブフナー 1783-1852
ドイツの薬学者。薬局の薬剤師を務めたのちに、大学で研究をするようになった。

染料会社が製薬会社に

　痛みをやわらげたり、熱を下げたり、リウマチの治療をしたりするために使われたサリチル酸ですが、吐き気や胃の出血、潰瘍を引き起こすなど強い副作用があり、これに耐えてでも痛みをとりたいような、症状の重い患者にしか使えませんでした。もっと使いやすい薬にするためには、こうした副作用をなくす必要があったのです。

　これに成功したのがドイツのバイエル社です。1863年に設立されたバイエル社はもともと染料の会社で、石炭ガスを製造する時に得られるコールタールを原料にした合成染料の開発も手がけていました。

　合成染料の原料や副産物から新たな製品が生まれることもあり、当時広く使われていたアン

写真：ペイレスイメージズ2／PIXTA

◀黒くどろっとした油状の液体、コールタール。

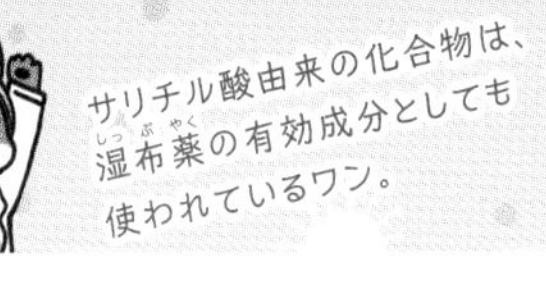

チピリンという解熱・鎮痛薬は、ライバルの染料会社が売り出したものでした。別の会社が売り出したアンチフェブリンという商品名の解熱・鎮痛薬も、非常によく売れていました。こうしたことからバイエル社は、新たな解熱・鎮痛薬の開発に乗り出すことにしたのです。同社は1888年には染料をつくる際の副産物から解熱・鎮痛薬のフェナセチンを開発し、翌年にインフルエンザが大流行したこともあって、大きな利益を上げました。

バイエル社は次の目標を、副作用の少ないサリチル酸由来の解熱・鎮痛薬の開発に定め、**フェリックス・ホフマン**が担当となりました。ホフマンの父親はリウマチの痛みを抑えるため、サリチル酸ナトリウムというサリチル酸からつくられた薬を飲んでいました。しかしこの薬にもつらい副作用があり、ホフマンはいつもなんとかしたいと考えていました。

ホフマンは試行錯誤するなかで、フランスの化学

フェリックス・ホフマン 1868-1946
ドイツの化学者。アスピリンのほか、ヘロインの化学合成にも成功したことで知られる。

シャルル・ジェラール 1816-1856

フランスの化学者。ジェラールが先にアセチルサリチル酸を化学合成していたことで、バイエル社はドイツでは特許を取れなかった。

者、**シャルル・ジェラール**が、1853年にアセチル化という方法でサリチル酸からアセチルサリチル酸という物質を化学合成していたことを知りました。ジェラールが合成した当時は精度が良くなく、化学構造もわかっていなかったのですが、ホフマンは製法を改良し、1897年8月に純粋なアセチルサリチル酸の化学合成に成功しました。ホフマンの父親が飲んだところ、痛みが抑えられ、副作用も出ませんでした。

ところがバイエル社は、これをすぐには製品化しませんでした。サリチル酸は心臓を弱らせるという説があり、アセチルサリチル酸もそうではないかと同社の試験部門の担当者が考えて、製品化を認めなかったのです。同社では1898年に発売した別の薬が大成功し、注文が殺到していたことも理由でした。その薬とは、モルヒネをアセチル化して得られる**ヘロイン**です。モルヒネは痛みの治療に使われていましたが、依存性が問題となっていました。ヘロインは安全で習慣性がないとして宣伝、販売され、世界的に大ヒットしましたが、のちに高い依存性が明らかになります。

ヘロイン

咳止め効果などもあったが、現在は麻薬として厳しく規制されている。

120年以上にわたって売れ続けている

アセチルサリチル酸が「アスピリン」という名前で商標登録され、商品化されたのは、1899年になってからのことでした。同社は宣伝や広告をするかわりに、医師や病院に無料のサンプルを送りました。アスピリンはよく効いたので、多くの学術論文が書かれ、医療関係者や患者の口コミもあって、売り上げは世界中でどんどん伸びていきました。

アスピリンの発売から120年以上も経っていますが、バイエル社のホームページによると、現在も世界80ヵ国以上で販売されており、生産量は年間およそ5万トン、バイエルアスピリン500mg錠で約1000億錠分にもなるそうです。これほど長期にわたりベストセラーであり続けている薬はほかになく、アスピリンは「薬の王様」「超薬(スーパードラッグ)」などといわれることもあります。アスピリンは商品名でしたが、現在では一般名としても広まっています。

新たな可能性を求めた研究が続く

アスピリンは現在、多くの人に頭痛薬として利用されていますが、消費量として多いのは関節炎やリウマチなどの炎症の治療用でした。20世紀半ば以降は、アスピリンの新たな可能性も見いだされています。

アメリカのカリフォルニア州で耳鼻科の開業医だったローレンス・クラブンは、手術をした患者の痛みをやわらげるために、アスピリンをふくんだガムを与えていました。ところが、患者のなかに術後数日間も出血が続く人がいることに気づき、話を聞いてみると、出血の続く患者はこのガムを自分でも購入し、たくさんかんでいたことがわかったのです。クラブンは、アスピリンが、血が固まるのをさまたげているのではないか、つまり**血栓**を防ぐのではないかと考えました。血栓を防ぐことができれば心筋梗塞などの予防になります。クラブンは多

血栓
血の塊のこと。血管を詰まらせて血液の流れを悪くする。心臓の血管に血栓ができると、心筋梗塞や狭心症、脳梗塞などになる。

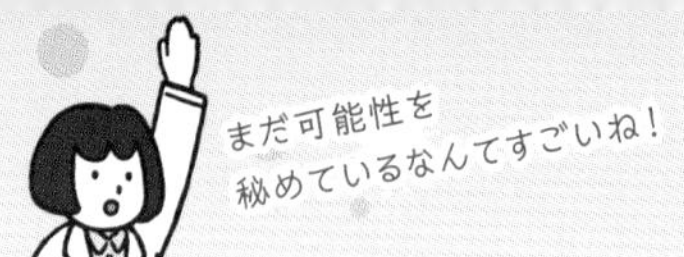

くの患者にアスピリンをあたえ、追跡調査したところ、血栓ができた人はいませんでした。1950年代に、この結果がマイナーな医学雑誌に発表されましたが、注目されずに終わりました。

その後、1967年に血液学者のハーベイ・ワイスらは、低用量のアスピリンが、出血した時に血を止めるために血小板が集まる血小板凝集を抑えることを発見しました。**血小板**凝集が抑えられると血栓ができにくくなるので、心筋梗塞や狭心症、脳梗塞などの予防になります。大規模な臨床試験も行われて効果が確かめられ、現在ではアスピリンは抗血小板薬（血小板の働きを抑える薬）としても使われています。

さらに近年は、アルツハイマー型認知症の一部や、大腸がんなどの一部のがんの予防にも効果があるのではないかと考える人たちもいて、研究が進められています。アスピリンは発売されてから120年以上が経ってもなお、ベストセラーであり続けているだけでなく、さらなる発展の可能性も秘めた、特異な薬でもあるのです。

血小板
血液の中にあり、出血を止めるために働く。

薬の王様

「アスピリン」を深ぼりしよう！

アスピリンは痛みを抑えるために
どのように働くのか、解説(かいせつ)するぞ。

？ 考えてみよう！

アスピリンを開発した会社はもともとなんの会社だったかな？

薬の成分をつくり出す時に、もとの会社の技術が生かされたぞ。ほかにも同じような会社があったのぉ。

1 化学肥料(ひりょう)

化学肥料は植物にとって、栄養剤(えいようざい)だよね。

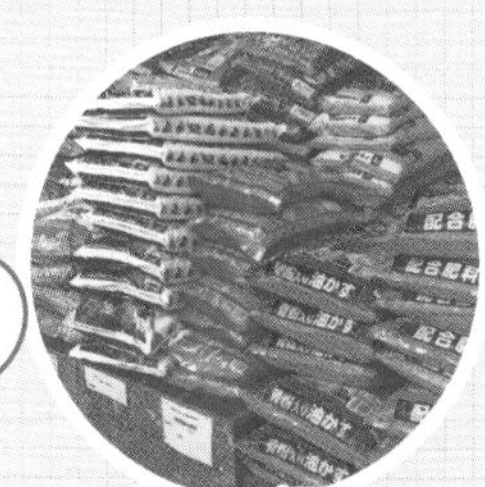

写真：yasu / PIXTA

2 合成染料

色をつくり出すのは
物質と物質の結合だね。

写真：Fast&Slow / PIXTA

3 食料品

体に入れる点は
同じだね。

写真：kuro3 / PIXTA

こたえは……

2 合成染料

アスピリンを開発したバイエル社は、化学染料の会社だったんじゃ。石炭ガスをつくるときに出るコールタールを使った薬づくりのために、製薬部門を新たに設立したぞ。これがアスピリンの開発につながったんじゃ。

酵素の働きを抑えて、痛みの原因物質の発生を防ぐ

120年以上、世界各地で飲まれてきたアスピリンですが、なぜ効くのかは、1971年までわかりませんでした。アスピリンが働くしくみを解明したイギリスの薬理学者、**ジョン・ロバート・ベーン**は、1982年にノーベル生理学・医学賞を受賞しています。

体の痛みや炎症、発熱は、細胞内でプロスタグランジンという物質が大量につくられる

頭痛がする時

アラキドン酸
↓ ← 酵素
プロスタグランジン
痛い！

ジョン・ロバート・ベーン 1927-2004

イギリスの薬理学者。南米の毒ヘビから、血圧を調整する成分を発見した成果などもある。

頭痛とアスピリンの効果

ことで起こります。この物質は、細胞膜にあるアラキドン酸という物質に酵素が働くことでつくられます。酵素は2種類あり、アスピリンは酵素の働きをブロックすることで、プロスタグランジンがつくられるのを防ぎ、痛みや炎症、発熱を抑えているのです。

なお、アスピリンには、低容量の投与で血栓をできにくくする作用がありますが、その投与量が多いと逆に血栓をつくる作用を強めてしまうという矛盾が起こることがあります。これは「アスピリン・ジレンマ」といわれる現象です。この現象を防ぐためには、目的によって正しい用量を守って服用することが大切です。

アスピリンに続く解熱・鎮痛薬

アスピリンは、胃を保護する働きがあるプロスタグランジンがつくられるのを防ぐため、胃痛などの副作用もあります。そこで、胃痛などの副作用が少ない、イブプロフェンやアセトアミノフェンなどの解熱・鎮痛薬も登場しています。アセトアミノフェンは脳に直接働きかけて熱や痛みを抑える作用があるものの、炎症を抑える効果は低いなど、薬ごとに特徴があり、症状に合ったものを使う必要があります。

おもな解熱・鎮痛薬

インドメタシン
ロキソプロフェン
アスピリン
ジクロフェナク
アセトアミノフェン
イブプロフェン
スルピリン
メフェナム酸

4章 まとめ

アスピリンの活躍(かつやく)はさらに続いていく

古くから解熱・鎮痛作用が注目されてきたセイヨウシロヤナギの成分を研究することでサリチル酸が発見され、サリチル酸をアセチル化したアスピリンの誕生につながったよ。アスピリンはそれから現在まで長いあいだ世界中で使われていて、「薬の王様」とよばれているよ。

また、20世紀半ば以降、アスピリンには、血管の中に血の塊ができるのを防ぐ効果が見いだされ、心筋梗塞や狭心症、脳梗塞などの予防薬としても期待されているんだ。ほかに、一部のアルツハイマー型認知症や大腸がん予防に効果のある可能性も指摘(してき)されているよ。

5章

日本人が貢献

アドレナリン

アドレナリンは体内で分泌されるホルモンです。日本人が世界で初めて結晶化し、薬としてさまざまな場面で利用されています。

アドレナリンの開発年表

1856年
副腎から取り出した液が、塩化第二鉄およびヨウ素により発色することが発見される。

▼ p.86

1893年
副腎中に血圧を上昇させる成分があることが発見される。

▼ p.86

1897年
高峰譲吉が、アメリカのニューヨークに研究所を開設。

▼ p.88

1890年代末まで

副腎の成分に止血作用があることなども報告される。

▼p.86

1900年

高峰譲吉と上中啓三が、副腎中の有効成分の結晶化に成功。アドレナリンと名づける。

▼p.88

1901年

アメリカのパーク・デービス社がアドレナリンをふくむ薬剤を発売。

▼p.89

1903年

ドイツのヘキスト社のフリードリヒ・シュトルツがアドレナリンの化学合成に成功。

1946年

スウェーデンのウルフ・オイラーが神経伝達物質であるノルアドレナリンの存在を証明。

▼p.89

1970年のノーベル生理学・医学賞につながったよ。

ホエ〜

次のページから、くわしく見てみるぞ

戦う時のホルモン、アドレナリン

　運動会の日、こんな経験はありませんか？　いよいよ100メートル競走。グラウンドに応援の声がひびくなか、走る順番が近づいてきました。心臓がドキドキし、てのひらには汗がにじみ……。

　このように、緊張して心臓がドキドキしたり、汗が出たりする時、体の中ではアドレナリンというホルモンが働いています。ホルモンというのは、体の中で血液中にわずかな量が放出され、決まっ

アナフィラキシーショック
アレルギー反応によって、血圧の低下や意識障害が起きること。命にかかわることもある。

グリコーゲン
肝臓などで蓄えられ、ブドウ糖を一時的にためておける形になった物質。

た組織や器官に働きかける物質です。アドレナリンは、戦う時や逃げなければいけない時など、緊張したりストレスがかかったりする場面で、腎臓の上にある副腎の髄質という組織から出されます。アドレナリンが出ると、心拍数や呼吸数が増えて全身に酸素がたくさん供給され、肝臓の**グリコーゲン**がエネルギー源となるブドウ糖に分解されて**血糖値**が上がります。また、**立毛筋**や毛細血管が収縮するなど、体がふだん以上の力を出せる状態になります。

　このような作用を利用して、アドレナリンは医療のさまざまな場面で使われています。身近なところでは、食物アレルギーや薬物アレルギー、蜂などの虫刺されが原因で**アナフィラキシーショック**になった時に緊急に注射して命を救う薬がありますが、その主成分はアドレナリンです。ぜんそくの時に気管支のけいれんを抑えたり、低血圧や心停止の時に血圧を上げたりするのにも用いられます。また、毛細血管が収縮するのを利用して、手術の際の止血に使われたりもします。

立毛筋
皮膚の表面の毛を立たせる筋肉。いわゆる鳥肌を起こす。

血糖値
血液中にどれくらいブドウ糖をふくんでいるかを表す数値。高すぎても低すぎてもよくない。

謎の臓器だった副腎

アドレナリンを血液中に出す副腎は、紀元前に書かれた『旧約聖書』という書物にも記述があるなど、古くからその存在を知られていました。しかし、何をしている臓器なのかはよくわかっていませんでした。1716年にはフランスで、副腎はなんの役に立っているのかについて懸賞論文が募集されましたが、受賞にふさわしいものはなかったそうです。

19世紀に入り、副腎は外側の皮質と、内側の髄質に分けられることがわかりました。そして1856年、フランスの医師、**アルフレッド・ブルピアン**が、羊の副腎の髄質をすりつぶして得られる液は、塩化第二鉄により緑色に、ヨウ素により紅色になることを発見します。また、1893年、イギリスの生理学者、エドワード・シェーファーと医師のジョージ・オリバーが、この液には血圧を上昇させる成分があることを発見。その後も止血作用が明らかになるなど、多くの有用な作用のあることがわかってきました。

アルフレッド・ブルピアン 1826-1887

フランスの医師で生理学者。副腎のほか、心臓の研究なども行った。

ブルピアンが発見した色の変化を「ブルピアン反応」というよ。

副腎の断面図

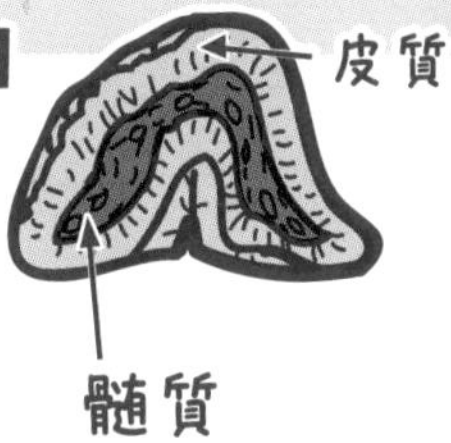

皮質

髄質

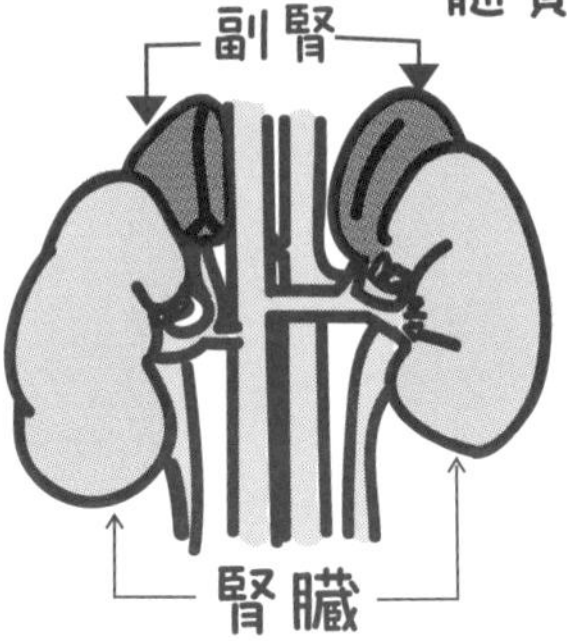

副腎

腎臓

ただ、動物の副腎から取り出した液では、品質が安定しないうえ、アレルギーなど副作用や腐敗の心配もあります。そこで、副腎の髄質にふくまれる有効成分を結晶で取り出す研究が盛んになりました。結晶が得られればその化学構造の研究ができ、化学合成への道も開けます。薬として開発できれば多くの人を救え、大きな利益も得られるので、欧米で激しい競争が起こりました。1898年にはアメリカの**ジョン・エイベル**が、副腎から有効成分を取り出したとして分子式(p.54)も発表し、翌年にはこの物質を「エピネフリン」と名づけました。また、オーストリアのオットー・フュルトは1899年に、ブタの副腎から有効成分と考えられる物質を取り出して、「スプラレニン」と名づけました。しかし、いずれも副腎中の有効成分そのものではありませんでした。

ジョン・エイベル 1857-1938

アメリカの生化学者。ホルモンの研究で活躍した。

上中啓三 1876-1960

日本の化学者。1900年にアメリカで高峰の助手となり、帰国後は国産アドレナリンの製造に取り組んだ。

競争を制し、世界で初めて結晶化

そうしたなか、アドレナリンを世界で初めて結晶化したのが、高峰譲吉と助手の**上中啓三**です。当時、高峰はアメリカのニューヨークに借りた半地下の小さな部屋を研究所とし、アメリカの製薬会社パーク・デービス社（現在のファイザー社）の委託で副腎の有効成分の結晶化に取り組んでいました。

1900年7月、上中が実験器具を片づけようとした時、試験管の中に小さな塊ができているのに気づきました。半信半疑で塊を洗って塩酸に溶かし、ブルピ

ウルフ・オイラー 1905-1983

スウェーデンの生理学者。ノルアドレナリンなどの神経伝達物質の研究で、1970年にノーベル生理学・医学賞を受賞。

アンが40年以上前に発見した反応を示すかどうか試したところ、塩化第二鉄の水溶液では緑色に、ヨウ素の水溶液では紅色に変わったのです。ここに、確かに副腎の有効成分を結晶として取り出すことができたのでした。有効成分は「**アドレナリン**」と名づけられました。

同年から翌年にかけて、アドレナリンはアメリカやイギリスで商標登録され、パーク・デービス社は薬にして発売を開始しました。なお、アドレナリンの結晶化には失敗したエイベルでしたが、のちに人工腎臓などの研究をし、1926年にインスリン(p.138)の結晶化に成功しています。

じつは、高峰のアドレナリンも、その後に結晶化されたものも、現在の科学的な判断からすれば純粋なアドレナリンではなく、アドレナリンとよく似た化学構造で、同じく副腎の髄質から出されるノルアドレナリンをふくんだものでした。しかし、ノルアドレナリンの存在がスウェーデンの生理学者、**ウルフ・オイラー**によって証明されたのは、第2次世界大戦後の1946年のことでした。

アドレナリン

副腎の英語名「adrenal gland」はラテン語で「近くに」を表す「*ad*(アド)」と「腎臓の」を表す「*renal*(レナル)」が由来。アドレナリンは「adrenal」に化学物質の名前の最後によくつけられる「in(イン)」を合わせた。

エリート官僚から研究者・起業家に

高峰は1854年に富山県で生まれ、大学を卒業後、イギリス留学を経て**農商務省**に入り、日本酒や和紙などを研究しました。1884年にアメリカのニューオーリンズの万博を訪れ、そこで見たリン鉱石の肥料が日本の農業に役立つと考え、自費で10トンもリン鉱石やリン酸肥料を買い、日本に送って会社を設立しました。この会社に協力したのが**渋沢栄一**です。

高峰は一方で発酵の研究も続けました。日本酒製造に必要な麹菌は高温多湿を好み、長期間腐らせずに輸送するのは難しいことでした。高峰は麹菌を腐らせずに輸送できる方法を開発し、特許を取得。この麹菌をウイスキーづくりに応用したいアメリカの会社に誘われ、アメリカに渡ります。そこでの実験も順調に進み、高峰の手法でウイスキーを製造する工場も建設されました。ところがこの工場は、新しい製造法の採用で職を失うのではないかとおそれたウイスキー生産関係者に放火されてしまったのです。

農商務省
明治・大正時代に農林業、水産業、商業、工業に関する行政を担当した国の機関。

渋沢栄一 1840-1931
日本銀行など多くの会社の設立に関わった実業家。高峰とは生涯にわたって付き合いが続いた。

アンセルム・ペイアン 1795-1871
フランスの化学者。同じくフランスの化学者、ジャン・ペルソーと共にジアスターゼを発見した。世界で初めて発見された酵素といわれる。

逆境を乗り越え、タカヂアスターゼを開発

しかし、高峰はへこたれませんでした。酒類をつくる麴菌はデンプンを溶かす作用が強いことから、麴菌の中の酵素が胃腸薬に応用できるのではないかと考え、苦しい生活のなか、研究を続けたのです。

デンプンを分解する酵素は、フランスの化学者、**アンセルム・ペイアン**らによって麦芽から発見され、「ジアスターゼ」と名づけられていました。高峰は1893年に、麴菌から強力なジアスターゼを開発することに成功。そしてギリシャ語で「強き」という意味を持つ「タカ」を頭につけた「タカヂアスターゼ」と名づけ、翌年にはアメリカで特許を出願しました。

このタカヂアスターゼに着目したのが、アメリカの大手製薬会社、パーク・デービス社でした。同社は高峰と契約して、95年に「TAKA–DIASTASE」を発売します。「TAKA–DIASTASE」は粉末であつかいやすかったこともあり、大ヒット商品となりました。パーク・デービス社とは日本以外の国に

工場を失ったあと、高峰は一時、肝臓病が悪化して入院することになったよ。

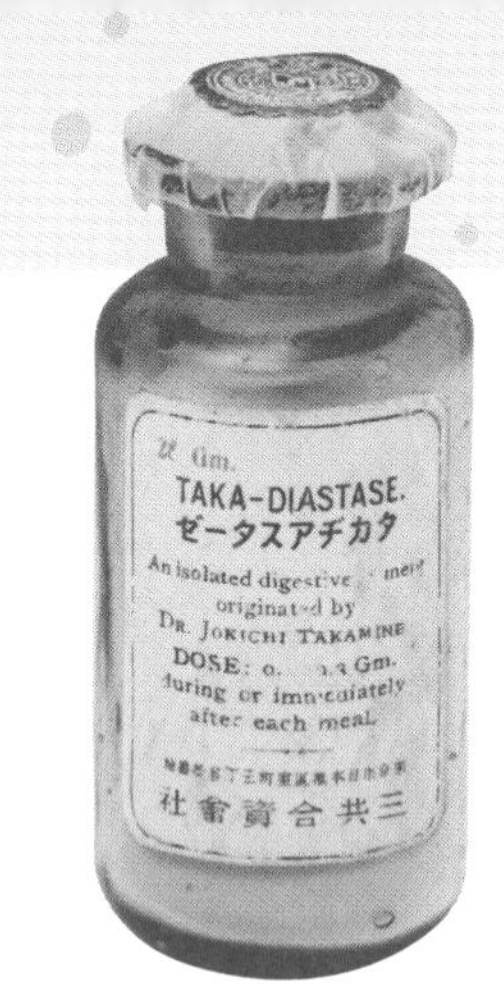

日本で発売された当初のタカヂアスターゼ。
（高峰譲吉博士顕彰会蔵／高岡市立博物館提供）

販売する契約を結び、同社は大きな利益を上げました。こうしたことが高峰への信頼につながり、アドレナリンの結晶化も高峰に託されたのです。

タカヂアスターゼとアドレナリンの成功で莫大な富を得た高峰は、日米友好にも力を尽くしました。例えば、アメリカの首都ワシントンDCを流れるポトマック川の川沿いにある有名な桜並木に高峰がかかわっています。3000本以上の桜の木を植えるという計画に協力し、苗木を入手するための資金を提供したのが高峰でした。また、日本国内では、欧米のような科学の研究所の必要性を訴え、渋沢らの賛同を得て1917年に理化学研究所が設立されました。晩年、健康を害した高峰は日本への帰国を願っていましたが帰国は叶わず、2年間の闘病ののち、1922年7月、ニューヨークで波乱の人生を閉じたのです。67歳でした。

タカヂアスターゼは日本でもよく売れ、夏目漱石の『吾輩は猫である』にも登場するよ。

日本人が貢献

「アドレナリン」を深ぼりしよう!

アドレナリンはどんなふうに
体の中で生じるのか、解説(かいせつ)するぞ。

考えてみよう!

アドレナリンが出ると体はどんな反応をする?

緊張してドキドキする時、体の中ではアドレナリンが働いているんじゃったのぉ。

1 血圧が下がる

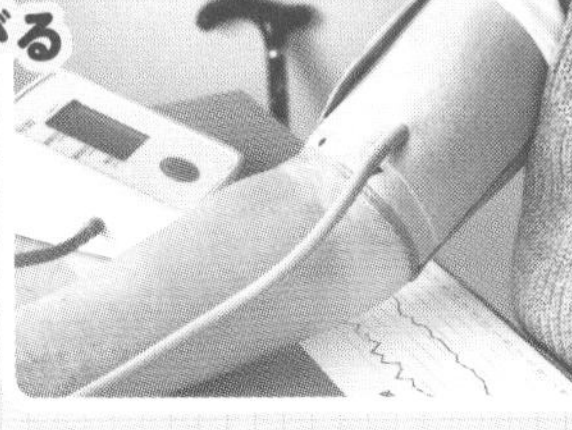

血圧を下げて
落ち着こうとする
のかな。

写真：CORA / PIXTA

2 血糖値が上がる

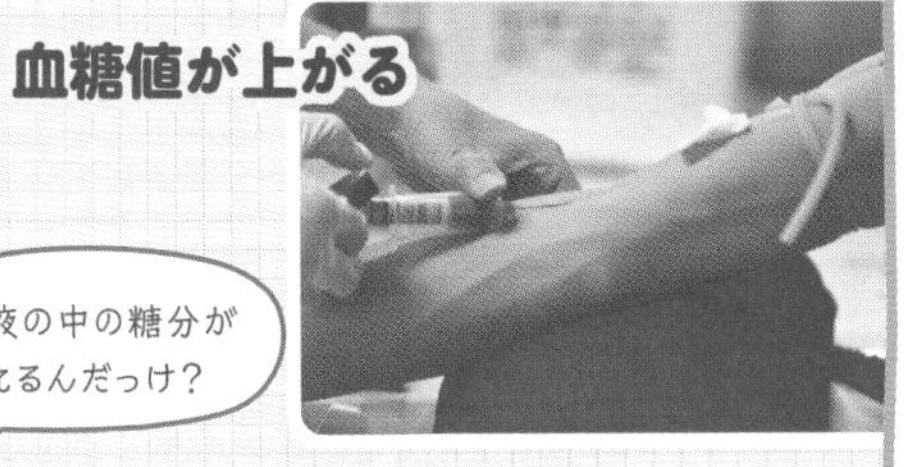

血液の中の糖分が
増えるんだっけ?

写真：Yeongsik Im / PIXTA

3 胃や腸がよく働く

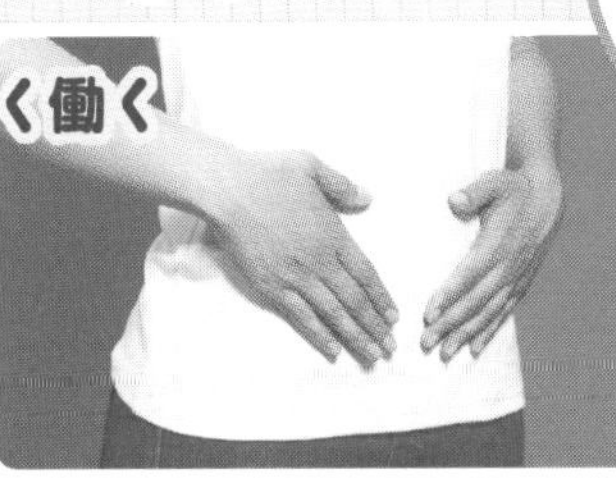

緊張しておなかが
痛(いた)くなるのは
関係あるワン?

写真：metamorworks / PIXTA

こたえは……

アドレナリンは、緊張したりストレスがかかったりした時に働くぞ。そういう時には全身に酸素やエネルギーが必要なので、エネルギー源になるブドウ糖が血液中に増えて血糖値が上がるのじゃ。

アドレナリンがつくられるしくみ

ストレス
危険
視床下部
副腎
腎臓

脳の指令でつくられるアドレナリン

アドレナリンは、強いストレスを感じたり、危険が迫ったりした時に分泌されます。このような非常事態では、対処するか逃げるかしなければなりませんが、いずれにしても全力で切りぬける必要があります。全身を緊急事態に対応できる状態に切りかえるホルモンが、アドレナリンなのです。

アドレナリンが作用すると、皮膚や粘膜などの

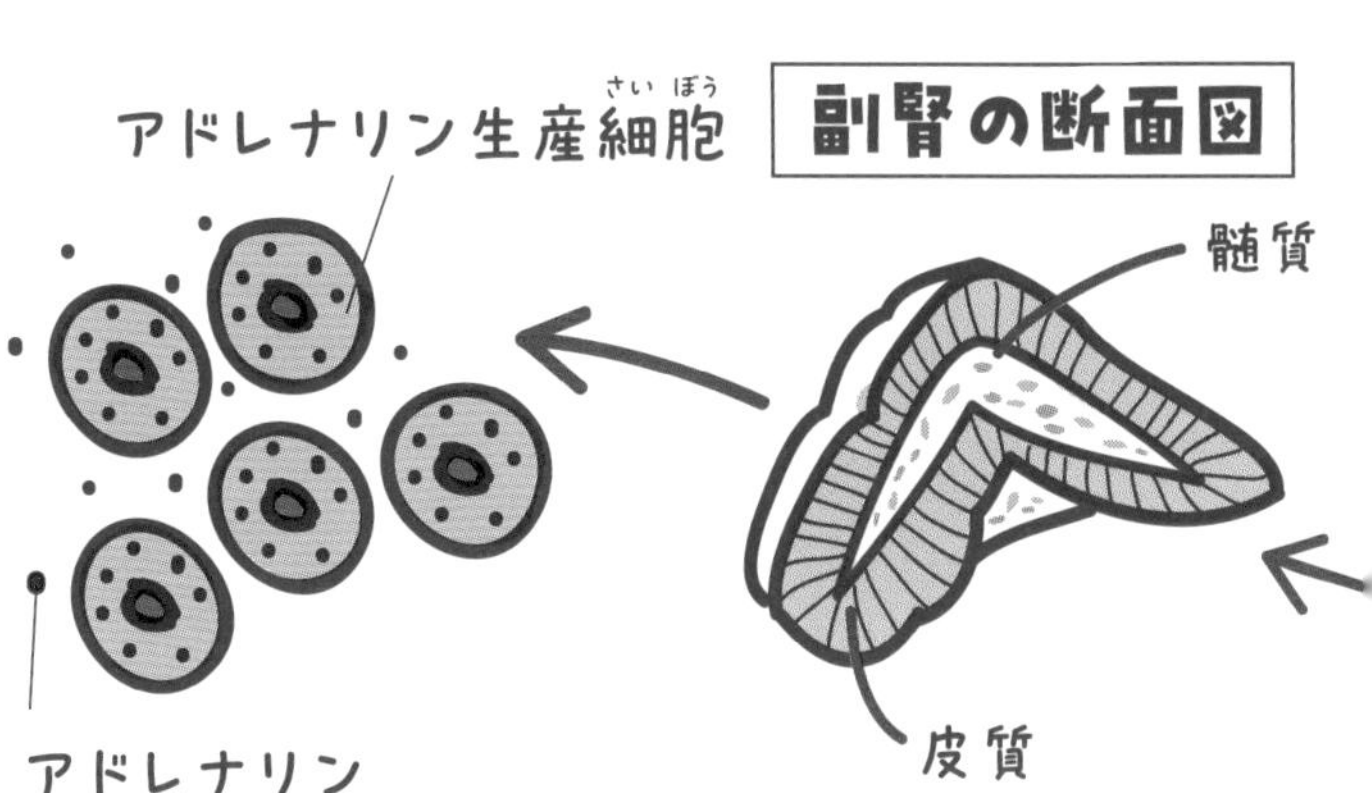

血管が収縮して血圧が上がり、心拍数が増えて全身に、より多くの血液が運ばれ、酸素がより多く供給されます。瞳孔はものがよく見えるように拡大し、空気をたくさん取りこめるように気管も広がります。肝臓に蓄えられたグリコーゲンは分解されて、エネルギー源となるブドウ糖がつくられます。一方、食べ物の消化吸収や排せつにエネルギーを使っている場合ではありませんから、胃や腸、膀胱などの働きは抑えられます。このようなアドレナリンの血管や気管に対する働きを利用した、いろいろな医薬品が開発されています。

アドレナリンの分泌には、脳の視床下部という部位が関係しています。ストレスがかかったり、危険が迫ったりすると視床下部から交感神経を通じて副腎に信号が送られ、副腎髄質からアドレナ

リンが分泌されます。アドレナリンは副腎髄質で、チロシンというアミノ酸からドーパミンやノルアドレナリンを経て合成され、血液の流れに乗って全身へ運ばれます。全身の細胞にはアドレナリン受容体があり、受容体にアドレナリンが結合することで細胞に情報が伝わります。

アドレナリンは血糖値を上げるホルモンでもあります。血糖値が下がるとやはり視床下部から信号が出され、アドレナリンが分泌されます。アドレナリンは血流に乗って肝臓へ運ばれ、肝臓に蓄えられたグリコーゲンがブドウ糖に分解されて血糖値が上がるのです。

アドレナリンの薬への応用例

- 蜂の毒や食物アレルギーなどによるアナフィラキシーが起きた時の緊急の注射(エピペン®)
- 気管支ぜんそくや百日咳の症状をやわらげる
- 急な低血圧や心停止の時の補助治療
- 手術時の部分的な出血の予防や治療

アドレナリンが働く場所と反応

場所		反応		結果
目の筋肉	→	収縮する	→	瞳孔が拡大する
心臓の筋肉	→	収縮する	→	心拍数と収縮力が増大する
血管の筋肉	→	収縮する	→	血圧が上がる
気管の筋肉	→	弛緩する	→	気管が広がる
小腸の筋肉	→	弛緩する	→	消化活動が抑えられる
膀胱の筋肉	→	弛緩する	→	尿をしたいと感じなくなる

5章 まとめ

日本人が結晶化した、全身へと働きかけるアドレナリン

アドレナリンは体内の副腎でつくられるホルモンの一種だよ。長年、副腎に何があるのかわからなかったけれど、日本人の高峰譲吉が助手の上中啓三と一緒に アドレナリンを結晶化したんだ。2人の業績によってアドレナリンは、アレルギー反応への対応や手術の時の止血などに欠かせない薬として使われるようになったよ。

高峰はアドレナリンの結晶化やタカヂアスターゼの開発など、薬の分野で活躍しただけでなく、日本とアメリカの親善にも取り組むなど、日本の発展に大きく貢献したんだ。

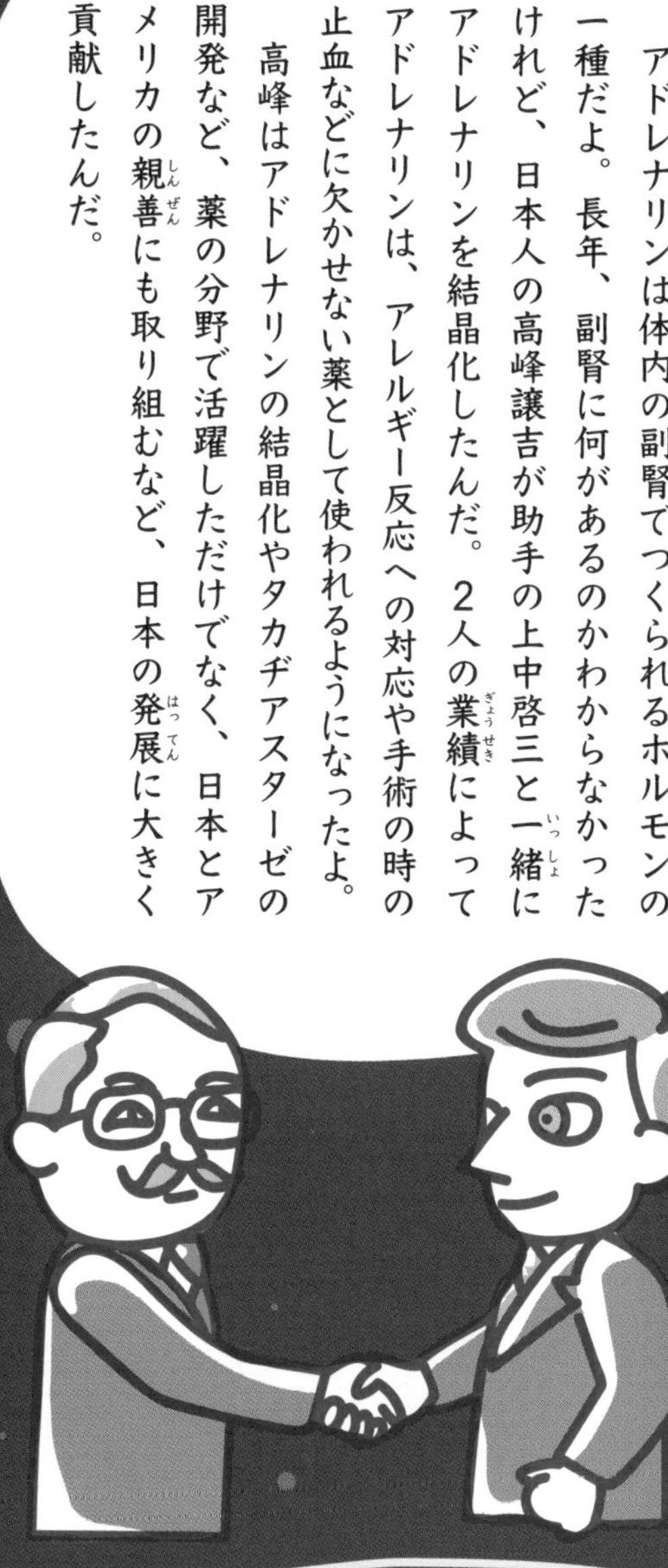

6章

世界初の抗生物質 ペニシリン

人々を細菌による感染症から救い「奇跡の薬」とよばれたペニシリン。実験中に起きた偶然によって発見されました。

ペニシリンの開発年表

1928年

イギリスのフレミングが、アオカビが生み出す成分から抗生物質（ペニシリン）を発見。

写真：Universal Images Group/アフロ

p.104

抗生物質とは、一般に微生物が生み出す物質で、ほかの微生物の増殖を抑えたり殺したりするワン。

1938年

イギリスのフローリーとチェインがペニシリンの成果に再注目し、研究を進めた。

p.105

1940年

フローリーとチェインが、ペニシリンの大量生産を実現。

p.105

次のページから、くわしく見てみるぞ

1942年

ペニシリンが薬として実用化される（ペニシリンG）。

p.105

1943年

アメリカのワクスマンが、土の中の微生物が生み出す成分から、抗生物質（ストレプトマイシン）を発見。

p.106

1970年代

製薬企業による大規模な探索が行われ、その結果、多くの抗生物質が発見された。

1970年代後半～

より品質の高い抗生物質の開発をめざし、これまでに見つかった抗生物質の改良研究も盛んに行われるようになった。

p.107

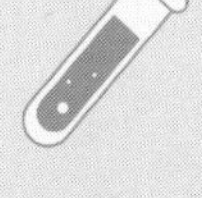

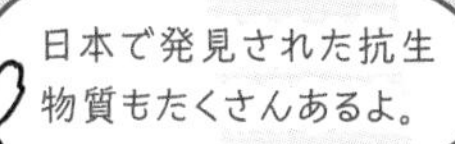

2000年～

抗生物質が医療の場で多く使用されるようになったことなどが原因で、抗生物質が効かなくなった病原菌（薬剤耐性菌）が世界的に問題となっている。

p.108

治療の手立てがなかった感染症

私たちの身近な病気となった新型コロナウイルス感染症（COVID-19）や季節性インフルエンザ、細菌性肺炎などは感染症とよばれます。感染症とは、細菌やウイルスなどの病原体が体内に入って増殖し、症状があらわれる病気のことです。感染症は現代に始まった病気ではなく、はるか昔からありました。過去にはペストや天然痘、コレラ、結核など、さまざまな感染症が大流行し、多くの人の命をうばってきたのです。

ワクチン（p.62）が開発されるようになると、感染症を予防できるようになりましたが、感染症を治療する薬はなかなか開発できませんでした。そのため、感染症に一度かかってしまうと、積極的に治療する手立てがないという状況が続いたのです。

そうしたなか、1928年にめざましい発見がありました。**アオカビ**から、細菌の増殖を抑える物質が見つかったのです。この物質は「ペニシリ

アオカビ
パンやみかん、餅などによく見られるカビ。およそ150種あり、ペニシリンを生み出したり、チーズの製造に使われたりする。

ン」と名づけられ、のちに薬として開発されました。ペニシリンの発見によって、薬で細菌による感染症を治療する道が開けたのです。

感染症の例

ペスト	ペスト菌による感染症。黒死病とよばれて14世紀にヨーロッパで多くの死者を出したほか、1894年には香港で大流行した。
天然痘	天然痘ウイルスによる感染症。17〜19世紀にかけて、世界各地で多数の死者を出した。
コレラ	コレラ菌による感染症。1817〜1923年までに6回の大流行が起きた。
スペイン風邪（スペインインフルエンザ）	インフルエンザウイルスによる感染症。1918〜1919年に大流行し、世界の人口のおよそ3割が感染したといわれる。
結核	結核菌による感染症。日本では江戸時代から昭和20年代まで大流行を繰り返した。

▲ペストによる被害のようすを描いた絵。

写真：TopFoto/アフロ

くしゃみがペニシリンの発見につながる

アレクサンダー・フレミング 1881-1955
イギリスの細菌学者。ペニシリンの発見によって、1945年にノーベル生理学・医学賞を受賞した。

ペニシリンを発見したのは、イギリスの細菌学者である**アレクサンダー・フレミング**です。22歳でロンドン大学付属病院の医学部に入学したフレミングは、卒業すると細菌学研究所に入ります。1914年に第1次世界大戦が始まると、フレミングはフランスに渡り、感染症に苦しむ兵士の治療にあたりました。フレミングは、戦争で負傷した兵士の傷口に感染症の原因となる細菌がついていることを知り、その細菌の働きを抑える物質を見つけるための研究に打ちこみます。

1922年のある日、フレミングが研究のためにシャーレで細菌を**培養**していたところ、風邪を引いていたためにくしゃみをしてしまい、シャーレの中にだ液が入りました。翌日、このシャーレを見ると、部分的に細菌が溶けていたのです。フレミングは、だ液に細菌を殺す物質があると考え、実験を続けました。その結果、だ液だけでなく涙などにも殺菌物質が

培養
栄養のある固形物や液体を使用して微生物を増やすこと。

鼻水が入ったという
説もあるよ！

ふくまれていることがわかり、その物質を**リゾチーム**と名づけました。

ただし、リゾチームはヒトの体に大きな害をおよぼすような病原性の高い細菌に対してはあまり効果がなかったため、感染症の治療薬としては期待できませんでした。しかし、細菌に対抗する物質を生物が持っているということに気づいたことは、数年後にやってくるペニシリンの大発見へとつながっていきます。

リゾチーム
細菌の細胞壁を壊す働きがある酵素で、ニワトリの卵（卵白）にも多くふくまれている。食品添加物としても利用されている。

ブドウ球菌

自然界に多く存在し、さまざまな種類がある。なかでも黄色ブドウ球菌は毒性が強く、感染すると急な発熱や体の痛みがあらわれる。

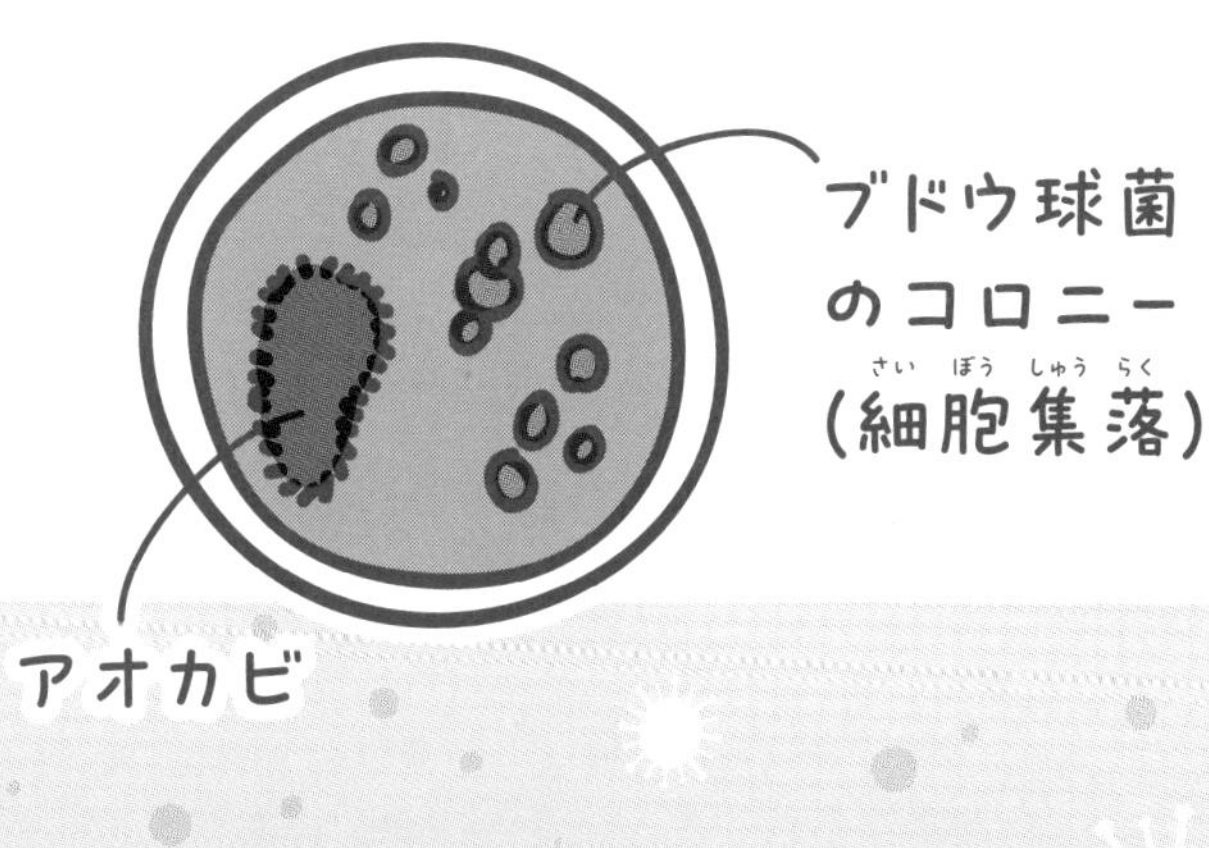

アオカビから発見されたペニシリン

　フレミングは、その後も細菌に対抗できる物質を求めて研究を続けました。１９２８年のある日、フレミングは**ブドウ球菌**という細菌をシャーレで培養していました。しばらく旅行に出かけて戻ってきたフレミングは、ある異変に気づきます。シャーレの中でアオカビが増殖していたのです。しかもよく見ると、アオカビの周りからブドウ球菌が消えていました。

　リゾチームを発見した時のことを思いだしたフレミングは、アオカビが細菌と戦う物質を出しているのではないかと考えました。そして、アオカビを培養した液体を細菌にかけてみたところ、予想どおり細菌は死んでいきました。こうして、世界初の抗生物質が発見

ブドウ球菌のコロニー（細胞集落）

アオカビ

ハワード・フローリー 1898-1968
イギリスの病理学者。フレミング、チェインと共同で1945年にノーベル賞を受賞。

エルンスト・チェイン 1906-1979
イギリスの生化学者。ドイツで生まれ育ったがイギリスに亡命してフローリーと出会った。

されたのです。フレミングは、この抗生物質をペニシリウムというアオカビの**属名**から「ペニシリン」と名づけました。

一方、薬を治療で使うことができるようにするためには、培養液からペニシリンを取り出すことや、その長期保存、そして何よりも十分な量が必要です。それらを解決したのが、イギリスのオックスフォード大学の研究者だった**ハワード・フローリー**と**エルンスト・チェイン**です。2人は約10年も前に発表されたフレミングによるペニシリン発見の論文に注目して、安定的にペニシリン類を取り出す技術の確立に取り組み、1940年には大量生産にも成功しました。このことは、フローリーとチェインによるペニシリンの再発見といわれています。

その後、1942年にはペニシリンGとよばれる質の高いペニシリンが純粋な形で得られ、実用化されました。当時は第2次世界大戦のまっただなか。ペニシリンは負傷した多くの兵士たちを感染症から救い、いちやく脚光を浴びることとなったのです。

属名
生物を分類する時に使われる名称。アオカビはペニシリニウム属の菌類の総称。

結核の特効薬、ストレプトマイシン

セルマン・ワクスマン 1888-1973
アメリカの微生物学者。ストレプトマイシンの発見によって、1952年にノーベル生理学・医学賞を受賞した。

ペニシリンが薬として開発された当時、結核が世界的に流行し、不治の病としておそれられていました。ペニシリンはブドウ球菌による感染症には効果的でしたが、結核には効果がなく、結核に有効な薬の開発が求められていました。

アメリカの微生物学者**セルマン・ワクスマン**は、ニュージャージー州のラトガース大学の学生時代に、土の中にすむ放線菌などの微生物を研究していました。

大学卒業後もカリフォルニア大学バークレー校の研究員を経て、ラトガース大学で放線菌の研究を続けたワクスマンは、1943年に弟子の**アルバート・シャッツ**と共に、放線菌の培養液から、結核菌への強い抗菌作用を持つ物質を発見。この物質は、ストレプトマイセス属の放線菌によってつくられていたことから「ストレプトマイシン」と名づけられました。

アルバート・シャッツ 1920-2005
アメリカの微生物学者。ストレプトマイシンは当初ワクスマンの発見とされたが、シャッツが裁判を起こし、共同発見者となった。

日本で発見された抗生物質には、カナマイシン（1957年に発見）のほか、アベルメクチン（発見した大村智は2015年にノーベル生理学・医学賞を受賞）などもあるワン。

放線菌から抗生物質が続々と見つかる

その後の研究で、放線菌類はストレプトマイシンのほかにもさまざまな抗生物質を生み出していることがわかりました。現在までに見つかっている抗生物質のうち、放線菌に由来するものはおよそ7割にもおよぶといわれています。

放線菌には約1000もの種類があり、これまではおもにストレプトマイセス属を対象として、ストレプトマイシンを生み出した抗生物質の開発が行われてきました。しかし近年では、より質の高い抗生物質を見つけるため、ストレプトマイセス属以外の放線菌も対象として抗生物質の探索が行われています。

抗生物質が効かない「耐性菌」が出現

感染症に有効な抗生物質が発見され、薬が広まると、今度は別の問題が出てきました。抗生物質が効かない病原菌(薬剤耐性菌)の出現です。

一例を挙げると、ペニシリンが治療薬として使われ始めてから数年後、ペニシリンに耐性を持つブドウ球菌があらわれました。1950年代のことです。このペニシリン耐性菌に対して、メチシリンという抗生物質が1960年に開発されましたが、翌年にはメチシリンに耐性を持つブドウ球菌があらわれたのです。また、さまざまな抗生物質が開発されるにつれて、何種類もの抗生物質に同様に耐性を持つ多剤耐性菌もあらわれました。

こうした薬剤耐性菌を抑えるために、新たな薬の開発が行われていますが、今もなお新たな薬剤耐性菌の出現はおさまっていません。細菌が原因ではない風邪にむやみに抗生物質を使うなど、抗生物質の不適切な使用によって薬剤耐性菌が出現するおそれもあるので、注意が必要です。

世界初の抗生物質

「ペニシリン」を深ぼりしよう！

ペニシリンが体の中で
どのように働くか、解説（かいせつ）するぞ。

考えてみよう！

ペニシリン発見のきっかけになったものは何？

ペニシリンは、ある生き物がきっかけとなって見つかったんじゃ。その生き物とは、なんじゃったかのぉ。

① シイタケ

シイタケはキノコの仲間だから、体にいい物質を出してそう！

② アオカビ

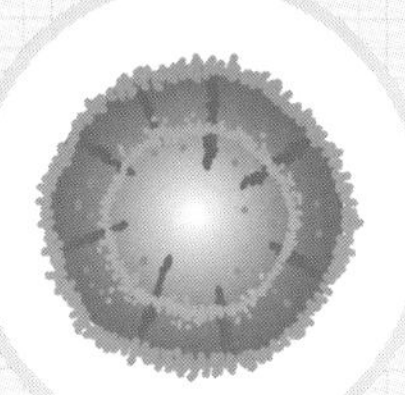

空気中にうようよいる、カビじゃないかな？

③ ダンゴムシ

土の中にたくさんいる、ダンゴムシだワン！

こたえは……

② アオカビ

フレミングが細菌をシャーレで培養していた時に、アオカビが偶然、シャーレに入りこんで増えてしまったんじゃ。このアオカビが出していた物質がペニシリンじゃぞ。

ペニシリンは細菌の「壁」をつくれなくする

ペニシリンはどのようにして細菌に効くのでしょうか。まず、細菌の細胞とヒトの細胞を比べてみましょう。ヒトの細胞の一番外側には細胞をおおう膜（細胞膜）がありますが、細菌の細胞には細胞膜の外側にさらに一枚、細胞壁とよばれるがんじょうな壁があります。細胞壁を持つことで、細菌は形を保って生きていくことができるのです。

ペニシリンの働き

ペニシリン

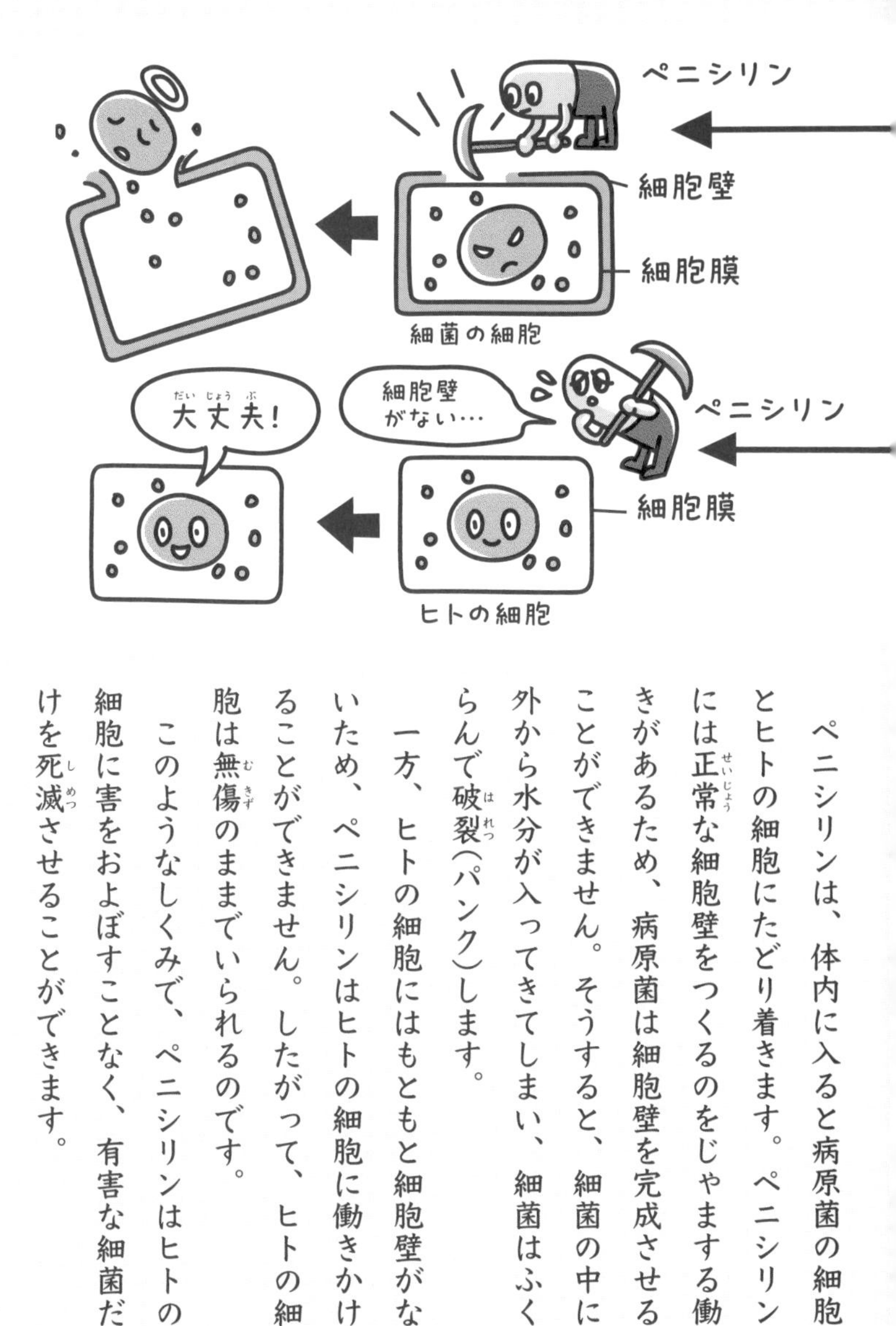

ペニシリンは、体内に入ると病原菌の細胞とヒトの細胞にたどり着きます。ペニシリンには正常な細胞壁をつくるのをじゃまする働きがあるため、病原菌は細胞壁を完成させることができません。そうすると、細菌の中に外から水分が入ってきてしまい、細菌はふくらんで破裂(パンク)します。

一方、ヒトの細胞にはもともと細胞壁がないため、ペニシリンはヒトの細胞に働きかけることができません。したがって、ヒトの細胞は無傷のままでいられるのです。

このようなしくみで、ペニシリンはヒトの細胞に害をおよぼすことなく、有害な細菌だけを死滅させることができます。

抗生物質が効くしくみはほかにもある

ペニシリンは細菌の細胞壁をつくれなくして殺菌する抗生物質ですが、これとは異なったしくみで病原菌やがん細胞に効く抗生物質もあります。

例えば、細胞の遺伝情報であるDNAをつくれなくすることで、がん細胞の増殖を止める抗生物質があります。また、細胞の中で特定のタンパク質をつくれなくすることで、その細菌を増殖できなくする抗生物質もあります。

また、一つの抗生物質がどの種類の細菌に働くかは抗生物質ごとに異なり、多くの細菌に効くものもあれば、特定の細菌だけによく効くものもあります。医療機関では患者の症状や体質に応じて適切な抗生物質が処方されています。

代表的な抗生物質

抗生物質	働き	特徴
ペニシリン系	病原菌の細胞壁をつくれなくして退治する	最も古くからある。妊娠中も安全に使用できる。
セフェム系	病原菌の細胞壁をつくれなくして退治する	開発時期で５世代に分けられ、世代ごとに特性が異なる。
ホスホマイシン系	病原菌の細胞壁をつくれなくして退治する	比較的新しいタイプの抗生物質。幅広い種類の細菌に効く。
マイトマイシンC(MMC)	がん細胞のDNAの合成を止める	ある種のがん細胞の増殖を止める。
テトラサイクリン系	病原菌のタンパク質をつくれなくして退治する	短時間作用型、中等度作用型、長時間作用型の３種類がある。
マクロライド系	病原菌のタンパク質をつくれなくして退治する	マイコプラズマやクラミジアなどの細菌に効く。

6章 まとめ

偶然の失敗が、奇跡の薬の発見につながった

ペニシリンは、アオカビが偶然シャーレに生えてしまうという失敗から見つかったよ。ペニシリンのおかげで、かつては手の打ちようがなかった感染症を治す道が開けたんだ。そのため、ペニシリンの発見は20世紀で最大の発明の一つともいわれるほどすごいことなんだよ。

ペニシリンの発見に続いて、多くの抗生物質が薬として開発されるようになったよ。そうすると今度は、抗生物質が効かない薬剤耐性菌が出てきてしまったんだ。薬剤耐性菌との戦いは、今も続いているよ。

耐性菌

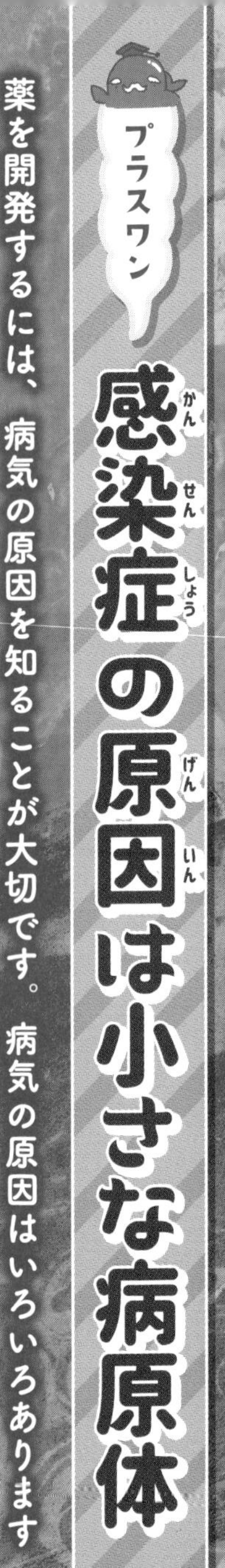

プラスワン

感染症の原因は小さな病原体

薬を開発するには、病気の原因を知ることが大切です。病気の原因はいろいろありますが、小さな病原体が体内に入ることで病気になることがあります。それが感染症です。

病原体となる病原微生物と寄生虫

病原体には、病原微生物ともよばれるウイルス、細菌、真菌のほか、寄生虫があります。

ウイルスは、自ら増殖することはできず、ヒトなどの生きた細胞の中でだけ増えていきます。生物と非生物の中間的な存在とされていて、研究者のなかには生物とする人も、生物ではないとする人もいます。大きさは10〜400nm（1nmは100万分の1㎜）程度で、電子顕微鏡でなければ確認できません。ウイルスが引き起こす病気には、麻疹（はしか）、風疹、おたふく風邪、インフルエンザなどがあります。

細菌は、栄養分や温度などの条件が合えば自ら増殖できます。大きさは500nm〜10μm（1μmは1000分の1㎜）程度で、球形や桿状（棒のような形状）、らせん状などの形状があります。細菌が引き起こす病気には、サルモネラ菌などによる食中毒、腸管出血性大腸菌（O

−157）感染症、百日咳、結核などがあります。

真菌はカビの仲間で、ヒトの細胞にくっついて、同じくカビの仲間であるキノコのように菌糸や胞子を広げて増殖します。大きさは3～40μm程度です。真菌が引き起こす代表的な病気には、白癬菌という真菌による水虫があります。日本人の5人に1人は水虫といわれるほど多く見られます。

寄生虫は、ヒトや動物の表面にくっついたり、体内に入ったりして栄養分を吸いとりながら増殖したり、成長したりします。大きさは1μm～10㎜程度ですが、なかにはサナダムシのように10m以上になるものもいます。寄生虫が引き起こす病気には、赤痢アメーバによる大腸炎や胃アニサキス症などがあります。マラリアの原因となるマラリア原虫も寄生虫です。

病原体の大きさ

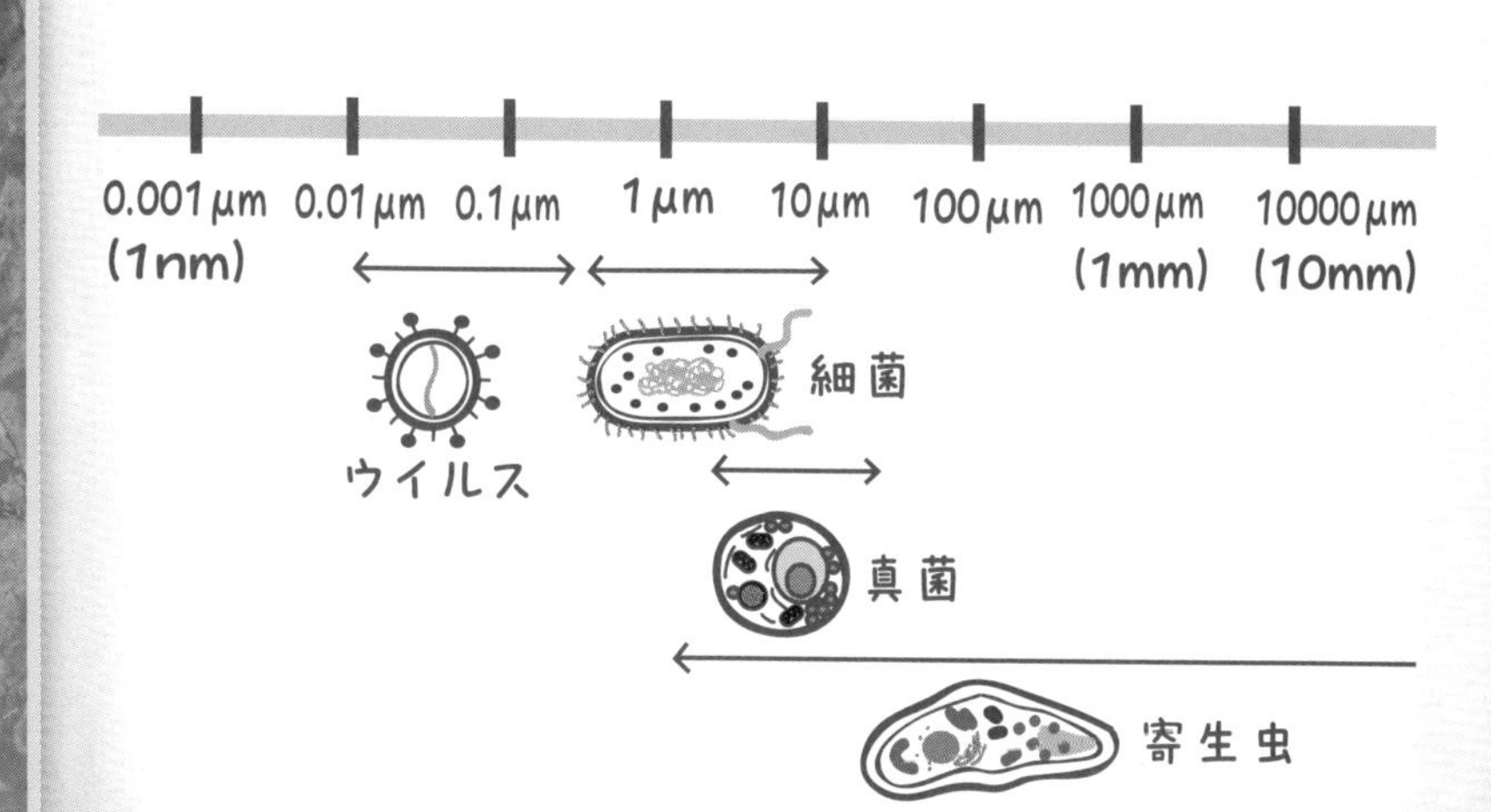

顕微鏡の誕生により病原体を発見

病原体の多くは、目で見ることができないほど小さいので、その発見には顕微鏡が必要でした。世界で初めて顕微鏡で微生物を観察したのは、オランダの商人で科学者のアントニー・ファン・レーウェンフックです。1674年に、1枚のレンズを使った自作の顕微鏡で湖の水を観察したところ、小さな生物が動きまわっているのを発見しました。目に見えない小さな生き物の存在が明らかになったのです。しかし、病原体の発見には結びつかず、「微生物のなかに病気を引き起こす生き物がいるらしい」とわかったのは、19世紀後半になってからでした。

ドイツの細菌学者ロベルト・コッホが、1876年に「炭そ」という病気の原因となる炭そ菌、1882年に結核菌、1883年にコレラ菌を発見。フランスの細菌学者ルイ・パスツールは、1879年、自ら発見していたニワトリコレラ菌の毒性を弱めたものによって、免疫が得られることを発見するなど、ワクチンの開発に取り組みました。パスツールが1887年に設立した「パスツール研究所」は、現在も生物学・医学の最先端の研究を行っています。

日本人の活躍も忘れてはなりません。「日本の細菌学の父」として知られる北里柴三郎は1889年、破傷風という病気の原因菌だけを増やす「破傷風菌の純粋培養」に世界で初めて成功。治療法の確立につながりました。世界中で何度も流行を繰り返していたペストの原因となるペスト菌を発見したのも北里です。

1900年代前半までに病原体となる多くの細菌が発見された一方、ウイルスの発見は遅れをとりました。ウイルスのサイズは細菌よりさらに小さいためです。その存在が確認されるようになったのは、電子顕微鏡が登場したことによります。電子顕微鏡は1931年、ドイツの物理学者であるエルンスト・ルスカらによって開発されました。

病原体となるおもなウイルスとしては、白血病の原因となるヒトT細胞白血病ウイルス1型(1980年に発見)、エイズの原因となるヒト免疫不全ウイルス(1983年に発見)、C型肝炎の原因となるC型肝炎ウイルス(1989年に発見)などがあります。

細菌とウイルスで薬は異なる

病原体が特定されたことで、薬の開発も進みました。細菌の増殖をじゃますることで、細菌の働きを抑えるのが抗生物質や抗菌薬です。ウイルスには抗ウイルス薬が開発されています。ウイルスが細胞に侵入したり増殖したりする過程をじゃますることで効果を発揮しますが、インフルエンザやエイズ、B型やC型肝炎、帯状疱疹、口唇ヘルペスなどに限られています。風邪のウイルスやノロウイルスといった多くのウイルスに対しては特効薬はなく、症状を改善する治療が中心となっています。

7章

世界初の合成抗菌薬

サルファ剤

世界で初めて化学合成された細菌感染症の治療薬。抗生物質ペニシリンとは別の方法で細菌に対抗する薬がつくられました。

サルファ剤の開発年表

1927年

ドイツのドーマクがバイエル社にて創薬研究を開始。

▼ p.121

バイエル社はもともと染料の会社だワン。

1931年

アゾ染料が創薬の有望な「種」であると考えられる。

▼ p.122

1932年

アゾ染料の化合物を改良し、世界初の合成抗菌薬「サルファ剤」が誕生。

▼ p.123

1935年

けがをしたドーマクの娘にサルファ剤を投与して効果を確認。

▼p.124

1936年ごろ〜

サルファ剤の需要が高まり、欧米で普及する。

▼p.124

1937年

アメリカのマッセンギル社が発売したサルファ剤が原因で、中毒事件が起きる。

▼p.127

1938年ごろ〜

サルファ剤が効かなくなった細菌（薬剤耐性菌）があらわれる。

▼p.132

1947年

ドーマクがノーベル生理学・医学賞を受賞。

▼p.125

写真：AP/アフロ

1939年に受賞していたけれど、辞退していたよ。

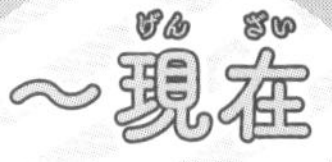

サルファ剤とトリメトプリムの合剤（ST合剤）が使用されている。

▼p.132

細菌に効く化学物質の探索

イギリスのフレミングがペニシリンの研究を行っていたころ、ドイツでは抗生物質のように微生物からではなく、化学合成によって抗菌薬をつくる研究が進められていました。中心人物は、ドイツの病理学者で医師の**ゲルハルト・ドーマク**です。

ドーマクは大学の医学部に入学後、第一次世界大戦に従軍。**衛生兵**の任務にあたることとなり、そこで**ガス壊疽**に苦しむ兵士たちを目のあたりにします。戦場での体験は、ドーマクがその後、抗菌薬研究の道に進む大きなきっかけとなりました。

ガス壊疽
ガスを産生する細菌が傷口から侵入し、筋肉の壊死や悪臭を生じる感染症。治療が遅れると命にかかわる。

衛生兵
軍隊で医療や衛生管理にたずさわる兵士。

ゲルハルト・ドーマク 1895-1964
ドイツの病理学者。近代的な創薬体制を整え、チームを率いてサルファ剤を開発した。

当時、染料をつくっていた
化学会社が薬づくりに乗り出していたよ。

バイエル社に、一人の病理学者が加わった

1927年、ドーマクはドイツのバイエル社（当時はIGファルベン社の一員）で抗菌薬の研究を行うこととなります。1910年に**梅毒**の治療薬「サルバルサン」が化学合成されて以来、多くの化学会社が感染症の治療に有効な化学物質を見つけようと奮闘していましたが、成果を挙げることはできませんでした。1920年代に、ほとんどの化学会社が創薬研究から撤退するなか、研究を続けていたのは、アスピリン（p.66）を開発したバイエル社でした。

バイエル社で医薬品部門を指揮する**ハインリッヒ・ヘルライン**は、病理学の優秀な人材を必要としており、大学を卒業して病理学者で医師となっていたドーマクを抜擢します。かつてドーマクが発表した論文を読み、その才能にひかれていたのです。このバイエル社とドーマクのコラボレーションが、数年後に世界を驚かす大発見へとつながっていきます。

ハインリッヒ・ヘルライン 1882-1954

ドイツの化学者。バイエル社で染料研究から医薬分野に進み、睡眠薬の「ルミナール」などを開発した。

梅毒

梅毒トレポネーマという細菌により引き起こされる感染症。

合成抗菌薬「サルファ剤」の誕生

バイエル社の恵まれた研究環境のもと、化合物の合成から動物への投与試験までを一貫して行う創薬体制が整えられました。化学者たちが合成した化合物が次々にドーマクへ送られ、それをドーマクが動物実験を行って、細菌感染症に効くかどうか、かたっぱしから調べていったのです。

研究開始から4年ほどが経ち、染料をはじめとした、ありとあらゆる化合物が試されましたが、薬として有望なものは一つも見つかりませんでした。そんななか、1931年の夏に転機が訪れます。過去に染料を研究していた化学者のヨーゼフ・クラレルが、布の染色に使われる**アゾ染料**に、弱い殺菌作用があることを見いだしたのです。

クラレルはアゾ染料に細工をほどこし、さまざまな化合物を生み出しました。ところがそれらの試験結果は安定せず、有望な化合物は依然として見つからないままでした。

アゾ染料
窒素原子2つが結合した「アゾ基」を持つ合成染料の総称。

1932年の秋、クラレルは医薬品部門のトップ、ヘルラインに助言を求めます。するとヘルラインは、硫黄原子を化合物に導入することを提案しました。ヘルラインは羊毛の染色にたずさわった経験があり、化合物に硫黄原子をふくむ「スルホンアミド基」を入れると、色落ちしにくい染料となることを知っていたのです。

色落ちしにくいということは、羊毛に結合しやすいことを意味します。この染料をつくる時の化合物設計方法を応用すれば、細菌に結合しやすい薬がつくれるにちがいありません。クラレルはヘルラインのアドバイスにしたがい、アゾ染料にスルホンアミド基を結合させてみました。そうすると、この化合物はなんと、**レンサ球菌**という細菌に感染したマウスを元気に回復させたのです。

同年11月、この化合物を改良し、のちに「プロントジル」という商品名で販売される、世界初の合成抗菌薬「サルファ剤」が誕生したのです。

レンサ球菌
多くの種類があり、病原性のあるものはのどの痛みや肺炎などの原因になる。

有効性がヒトで確認され、需要が高まる

サルファ剤を薬として世に送り出すには、ヒトに投与して効果があるかどうかを確かめる必要があります。そのため、バイエル社はサルファ剤を地元の医師たちに配りました。そして、レンサ球菌の感染により生死の境をさまよう患者たちを中心にサルファ剤が投与され、その結果、彼らはみるみるうちに回復したのです。

1935年12月には、ドーマク自らサルファ剤の効果を確かめる機会が訪れます。ドーマクの娘、ヒルデガルトがけがをし、傷口が化膿してしまったのです。高熱で意識を失う娘を前に、ドーマクはサルファ剤を彼女に投与することを決めます。数日間サルファ剤を投与されるとヒルデガルトの容体は良くなり、完治したのでした。

サルファ剤のすぐれた効果は、国境を越えてフランスやイギリスにも知れわたることとなりました。バイエル社のプロントジル以外にもサルファ

サルファ剤で多くの命が救われるようになったんだね。

剤がつくられ、ロンドンでは30を超える銘柄のサルファ剤が市場に出回ることとなりました。また、1936年12月にはアメリカでも転機が訪れます。レンサ球菌感染症で苦しんでいたフランクリン・ローズベルト・ジュニア（第32代アメリカ大統領、フランクリン・ローズベルトの息子）にサルファ剤が投与され、一命をとりとめたのです。これがきっかけで、アメリカではサルファ剤が大人気となり、需要が一気に高まりました。

1939年、サルファ剤を生み出した功績により、ドーマクはノーベル生理学・医学賞を授与されることとなります。ところが、当時ドイツの政権を握っていた**アドルフ・ヒトラー**がドイツ人のノーベル賞受賞を禁止しており、残念なことにこの時は受賞を辞退しました。第2次世界大戦後の1947年、ようやく受賞が叶いました。

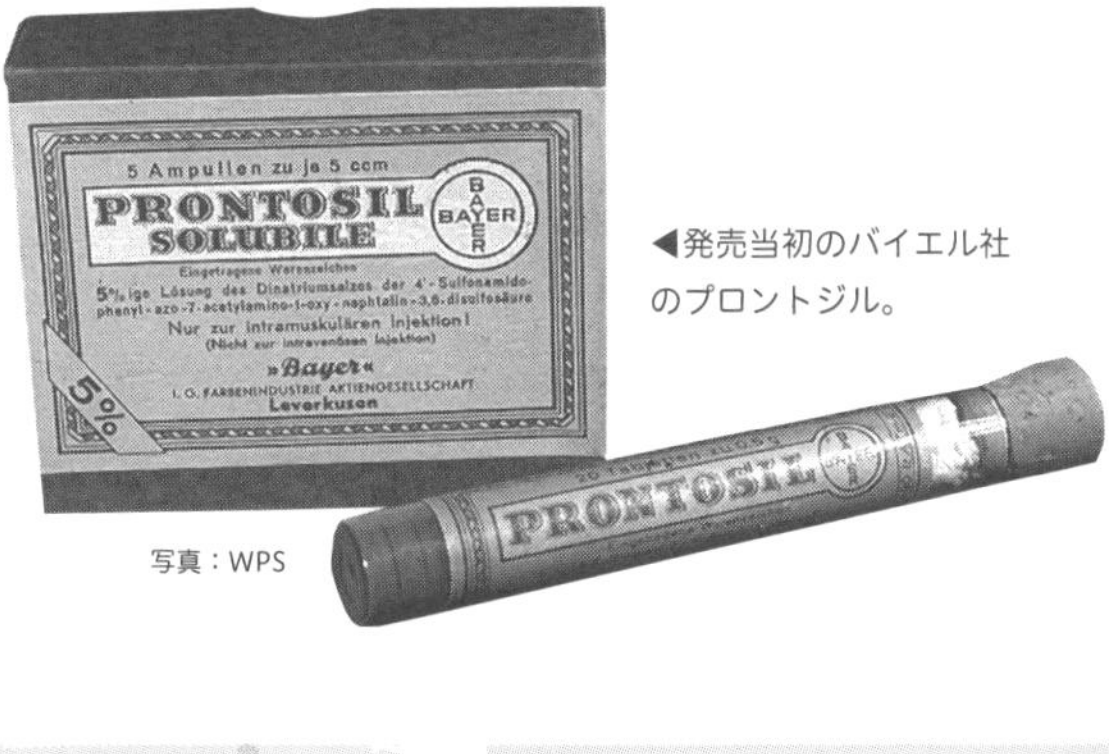

◀発売当初のバイエル社のプロントジル。

写真：WPS

アドルフ・ヒトラー 1889-1945

ドイツの政治家。1934年にナチスの総統となり、1939年、第２次世界大戦を引き起こした。

肺炎
肺に炎症が起きる病気。肺炎を引き起こす細菌には、肺炎球菌やインフルエンザ菌などがある。

新たなサルファ剤が続々開発される

サルファ剤の薬効は化合物のどこにあるのか。その答えが1935年11月、フランスのパスツール研究所で明らかにされます。当初、サルファ剤の薬効は色素部分、つまりアゾ染料の「アゾ基」が結合した部分にあると考えられていましたが、無色の「スルホンアミド基」にあることがわかったのです。スルホンアミド基のみの物質は「純粋サルファ」とよばれ、特許が切れ、自由に利用できる化合物で、染色分野では大量に用いられていました。

純粋サルファはレンサ球菌が原因の感染症に有効であることがわかり、その後、純粋サルファの化学構造を持つさまざまな化合物が合成されました。こうした化合物のなかにはレンサ球菌以外の細菌に有効なものもあり、**肺炎**や**髄膜炎**などの治療薬となりました。

写真：新華社/アフロ
現在のパスツール研究所。

髄膜炎
脳を保護する髄膜に炎症が起きる病気。髄膜炎を引き起こす細菌には、肺炎球菌やインフルエンザ菌、B群レンサ球菌、緑膿菌などがある。

写真：新華社/アフロ

アメリカで医薬品の安全性を管理するFDA。

サルファ剤の中毒事件とFDAの強化

サルファ剤の需要が高まるにつれ、サルファ剤の「影の部分」も見え始めました。新しいサルファ剤の多くは、安全性が確認されないまま市場に出ていたのです。そして、一つの事件が起きます。1937年の秋、アメリカのマッセンギル社が製造したサルファ剤「エリキシル・スルファニルアミド」により、100人を超える死者が出たのです。調査の結果、マッセンギル社はサルファ剤を甘くて飲みやすい薬にするため、有毒な**ジエチレングリコール**を用いていたことが明らかとなりました。

この中毒事件を受け、アメリカでは新薬の安全性の証明と成分の記載を求める法律が1938年に成立しました。そして、医薬品などの取り締まりを行う政府機関であるFDA（アメリカ食品医薬品局）の機能が強化されたのです。

ジエチレングリコール

大量に服用すると、腎臓の機能低下などにより死に至ることもある。液体が凍るのを防ぐ不凍液、潤滑剤、塗料などに応用されている。

現在の創薬システムの礎となったサルファ剤

マッセンギル事件をきっかけに、医薬品を規制する動きは世界の先進国に広がっていきます。製薬会社では薬の薬効と毒性を試験するため、設備が整った工場や、生物学・合成化学それぞれを専門とする人材をそろえるようになりました。

化合物を設計・合成し、それを動物に投与し、その結果を受けてさらに化合物を改良するというサルファ剤のつくり方は、現在の創薬システムに受けつがれています。そして、サルファ剤の研究からは利尿薬や尿酸降下薬、血糖降下薬など、細菌感染症以外の薬も新たに生まれることとなりました。

サルファ剤の活躍は、同時期に発見された抗生物質ペニシリンが大量生産され、普及する大きなきっかけとなりました。ペニシリンをはじめとする数々の抗生物質の時代は、サルファ剤なしにはありえなかったのです。

サルファ剤は、感染症が薬で治せることを世に知らしめたよ。

世界初の合成抗菌薬

「サルファ剤」を深ぼりしよう！

サルファ剤は細菌に対して
どのように働くか、解説（かいせつ）するぞ。

考えてみよう！

サルファ剤誕生のきっかけになった繊維（せんい）は何？

サルファ剤の化学合成は、ある繊維の染色がヒントとなって成功したぞ。その繊維とはなんじゃろう。

1 木綿（もめん）（コットン）

18世紀後半にイギリスで
大量生産された、
木綿の糸じゃないかな？

写真：shige hattori / PIXTA

2 羊毛（ウール）

色落ちしにくい羊の毛の
染料が、ヒントと
なったはず！

写真：lubov62 / PIXTA

3 絹（きぬ）（シルク）

古くから利用されて
きた、カイコのまゆから
取った糸だワン！

写真：kuro3 / PIXTA

こたえは……

② 羊毛

羊毛を染める際、化合物に「スルホンアミド基」を入れると、色落ちしにくい染料ができることがわかっていたんだ。このことを応用してつくられた薬が、サルファ剤なんじゃ。

サルファ剤は、細菌に必要な栄養素をつくれなくする

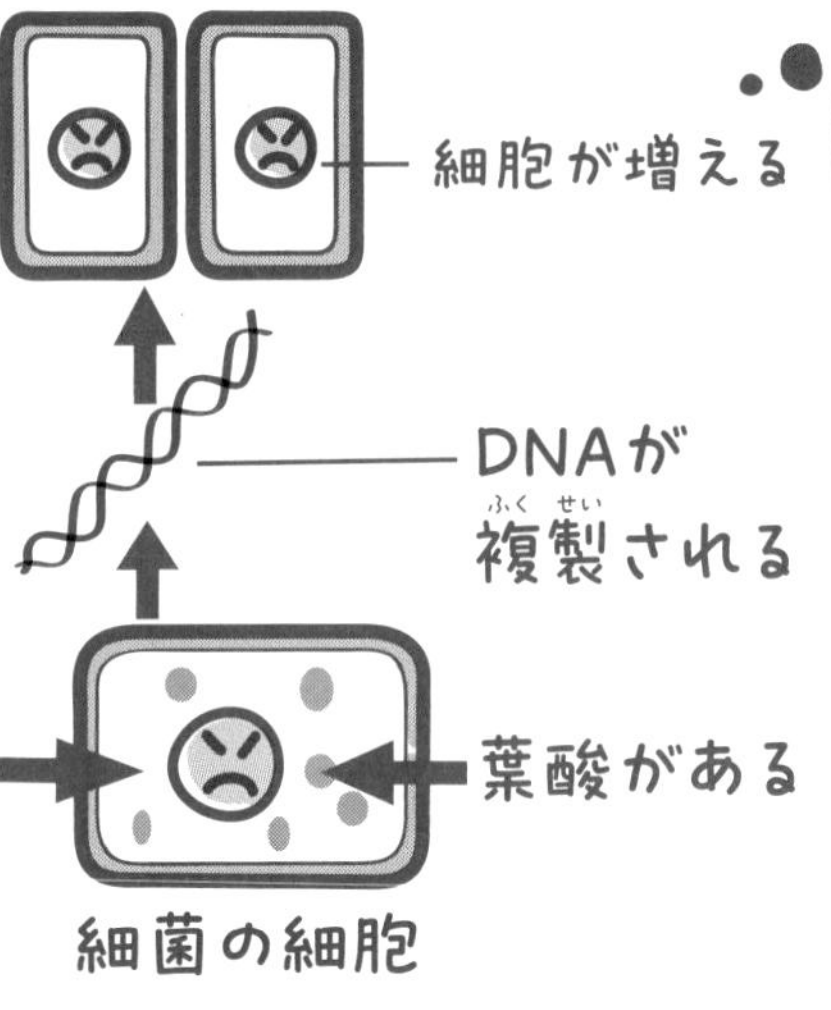

サルファ剤はどのようにして細菌に効くのでしょうか。細菌の細胞とヒトの細胞を比べてみると、細菌ではつくられ、ヒトではつくられていない栄養素があります。それが「葉酸」というビタミンです。葉酸は、**DNA**の材料である「**核酸塩基**」をつくるのに必要な物質です。

サルファ剤は、葉酸をつくる際に働く酵素にくっつき、酵素の働きをじゃまします。すると葉酸がつくられなくなり、葉酸がないことで核

DNA
デオキシリボ核酸。遺伝情報がきざまれており、「糖」「リン酸」「核酸塩基」という材料でできている。

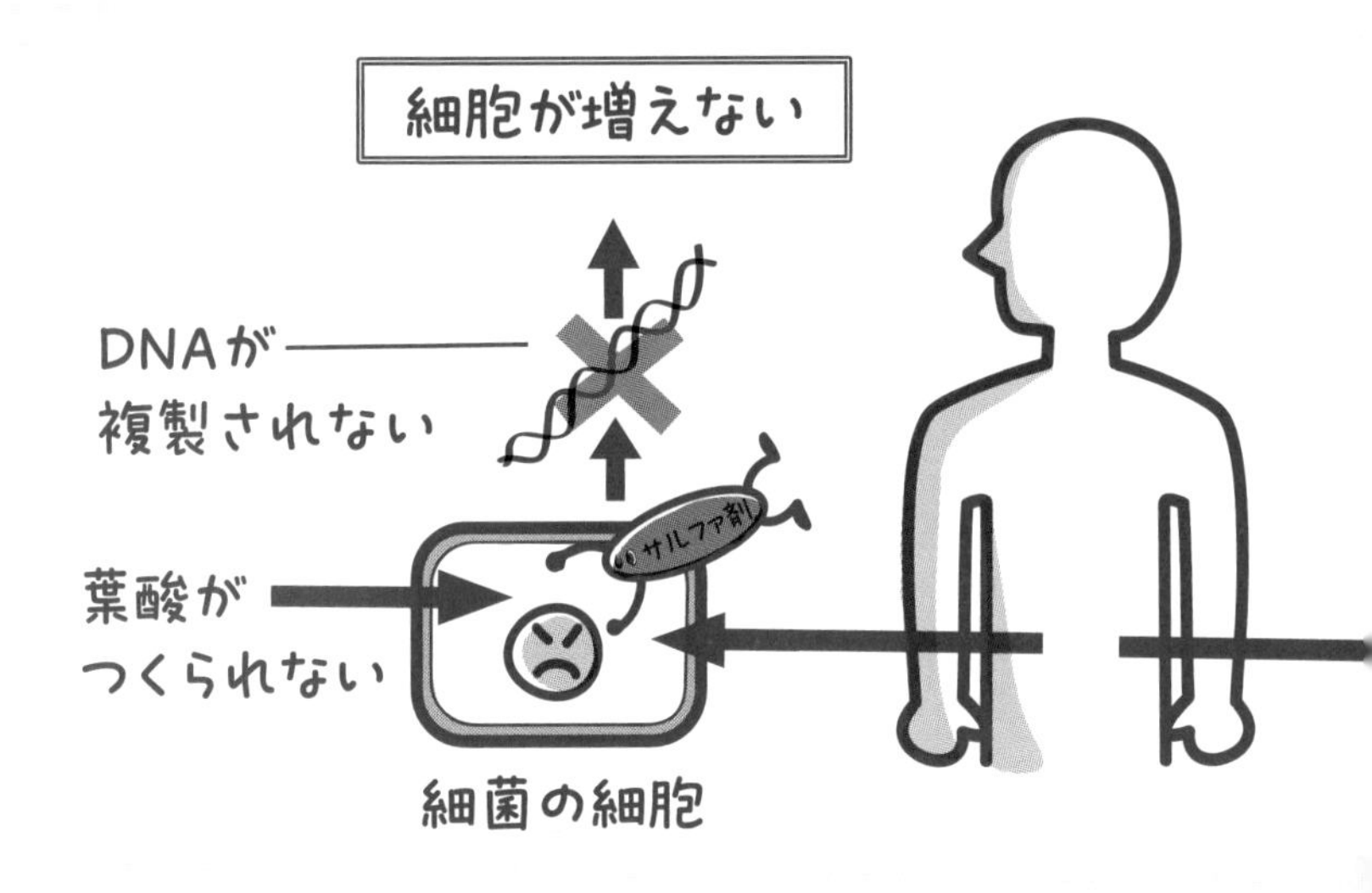

酸塩基、ひいてはDNAも複製されなくなります。DNAの複製は細胞の増殖に必要なため、細菌は増殖できなくなるのです。

一方、ヒトの細胞ではもともと葉酸がつくられないため、サルファ剤がヒトの細胞の増殖におよぼす影響は小さいと考えられます。ヒトは葉酸を体内でつくることができないため、食品などから摂取しています。そのため、サルファ剤を投与するとヒトの細胞に害をおよぼすことなく、有害な細菌だけを死滅させることができるのです。

ヒト以外の動物細胞も自らは葉酸をつくらないため、サルファ剤の害を受けません。そのため、ウシやブタ、ニワトリなどの家畜の感染症対策としても、サルファ剤は利用されています。

核酸塩基

窒素をふくむ化合物で、DNAやRNAの材料となる。DNAを構成する塩基には「アデニン」「チミン」「グアニン」「シトシン」の４種類がある。

サルファ剤が効かない耐性菌に、「薬の合わせ技」で立ち向かう

サルファ剤が登場してしばらくすると、サルファ剤が効かない耐性菌があらわれるようになりました。サルファ剤への耐性は、細菌の葉酸の合成にかかわる酵素の構造が変わることがきっかけで生じます。酵素の構造が変化してサルファ剤にくっつきにくくなることで、サルファ剤が働けなくなるのです。

こうしたサルファ剤耐性菌への対策として、サルファ剤と「トリメトプリム」という薬を合わせた薬（ST合剤）が開発され、利用されています。トリメトプリムは、サルファ剤とは異なる方法で葉酸の合成を抑えます。また、2つの薬が葉酸の合成を連続して抑えることで、抗菌作用がより強力になる効果も期待できます。

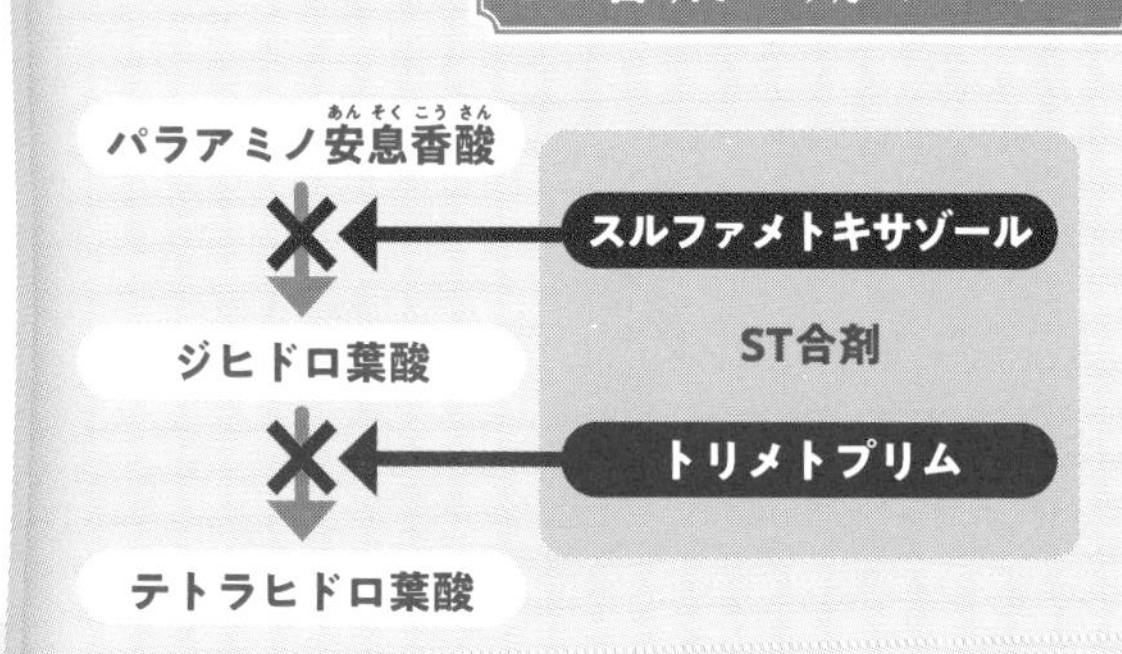

図のように、葉酸は段階的につくられます。ST合剤に配合されているサルファ剤（スルファメトキサゾール）は初めの段階で働き、トリメトプリムはあとの段階で働くことで、葉酸の合成を強力にブロックします。

7章 まとめ

感染症を薬で治す、抗菌薬時代のさきがけとなった

サルファ剤は、染料の研究がきっかけで誕生したよ。サルファ剤のおかげで、細菌の感染症に苦しむ多くの人の命が救われたんだ。サルファ剤の誕生は、抗生物質のペニシリンが普及するきっかけにもなったよ。

アメリカでは数々の新しいサルファ剤が開発されるなか、安全性が軽視(けいし)されたことで悲しい事件も起きたんだ。でもこのことがきっかけで、医薬品の安全性を管理するしくみが生まれたよ。化合物を設計して化学合成し、それを動物で試験するというサルファ剤の開発方法は、現在の薬づくりに生かされているんだ。

過去には、命を守るはずの薬によって、命が危険にさらされるという事件が多発しました。現在は、長い時間をかけて安全性を確認しながら開発が進められています。

薬は試験を重ね、承認をへて販売される

薬に限らず、医療機器などもふくめて、病気の診断や治療、予防に使われるものは、その有効性や安全性を確認するために、いろいろな試験が行われます。実際にヒトに対して行われる試験を臨床試験や治験といいます。また、臨床試験の前段階では、動物などを使った試験が行われ、これを非臨床試験といいます。

薬の開発で最初に行われるのは「くすりの候補」選びです。植物や、土の中の菌がつくり出す化合物といった自然界に存在するもののほか、化学的に合成されたものを、試験管を使って実験をしたり、動物を使った試験をしたりして(非臨床試験)、選びます。病気に効果があるのはもちろんのこと、人体に安全であると予想されることが選ばれるポイントです。その後、臨床試験をへて、国の機関である厚生労働省に承認されたものが、薬として販売されます。

3つのステップがある臨床試験

臨床試験には3段階があります。最初の第1相(フェーズⅠ)試験では、少数の健康な大人を対象に、「くすりの候補」の安全性や体の中での薬の動きなどを調べます。続く第2相(フェーズⅡ)試験では、「くすりの候補」が効果的と予想される比較的少数の患者を対象に、その有効性と安全性、投与量などを調べます。そして最後の第3相(フェーズⅢ)試験では、多くの患者を対象に、その病気に用いられている標準的な薬などと比較します。この結果を厚生労働省が審査し、承認されると販売が決定されます。

薬の開発の流れ

基礎研究 → 非臨床試験 → 臨床試験（第1相(フェーズⅠ)試験 第2相(フェーズⅡ)試験 第3相(フェーズⅢ)試験） → 承認と販売

「くすりの候補」選び

莫大な費用と時間がかかる薬の開発

厚生労働省の資料によると、薬の開発(「くすりの候補」の発見から承認まで)には10年以上の時間と数百億〜数千億円規模の費用が必要とされています。そうしたなか、比較的つくりやすい薬は減ってきており、成功確率は年々さらに低下しています。20年前の1万3000分の1から現在は2万〜3万分の1ほどとなっています。ほとんどの「くすりの候補」は開発途中で脱落してしまうのです。しかも、ようやく実用化された薬でも、好ましくない作用(副作用)が起こることがあります。

慎重に開発しても、副作用は起きる

薬にはすばらしい効果がある反面、副作用もあります。例えば、「花粉症の薬を飲んだら、鼻水は止まったけど眠くなった」「胃腸薬を飲んだら、胃の痛みはおさまったけど、口が乾くようになった」「解熱剤を飲んだら、熱は下がったけど発疹が出てしまった」などです。

副作用は、薬を使用すると必ず起こるわけではありません。体質や、その時の体調などによって起こることもあります。薬の用法や用量を守らなかったり、ほかの薬や食べ物や飲み物との組み合わせが良くなかったりする場合も、副作用があらわれる原因になります。

こうした副作用は、薬が販売され、治験の時に比べてより多くの患者さんに使用されるようになると、治験では確かめられなかったものや症状の重いものが見つかることもあります。そのため、薬が販売されてから6ヵ月間は製薬会社が医療機関と協力して「市販直後調査」を実施し、全国での状況を調査することになっています。

8章

糖尿病治療薬
インスリン

かつては発症すると打つ手がなかった糖尿病。動物の膵臓から得られるインスリンで薬がつくられ、治療が可能になりました。

インスリンの開発年表

1889年
糖尿病は膵臓にかかわりのある病気であることが発見される。

▼ p.142

1901年
アメリカのユージン・オピーが、糖尿病で亡くなった患者は膵臓のランゲルハンス島が退化していることを発見。

▼ p.142

1921年
カナダのフレデリック・バンティングらがイヌの膵臓抽出液からインスリンを発見（当初の名称はアイレチン）。

▼ p.144

バンティングはのちにノーベル賞を受賞するワン。

1922年

14歳の糖尿病患者にウシの膵臓抽出液が投与され、絶大な効果を示す（世界で初めてのインスリンの投与例）。

▼ p.145

年

家畜の膵臓抽出物を用いたインスリン製剤が開発される。

▼ p.146

年

遺伝子組み換えによるヒトインスリンの合成に成功。

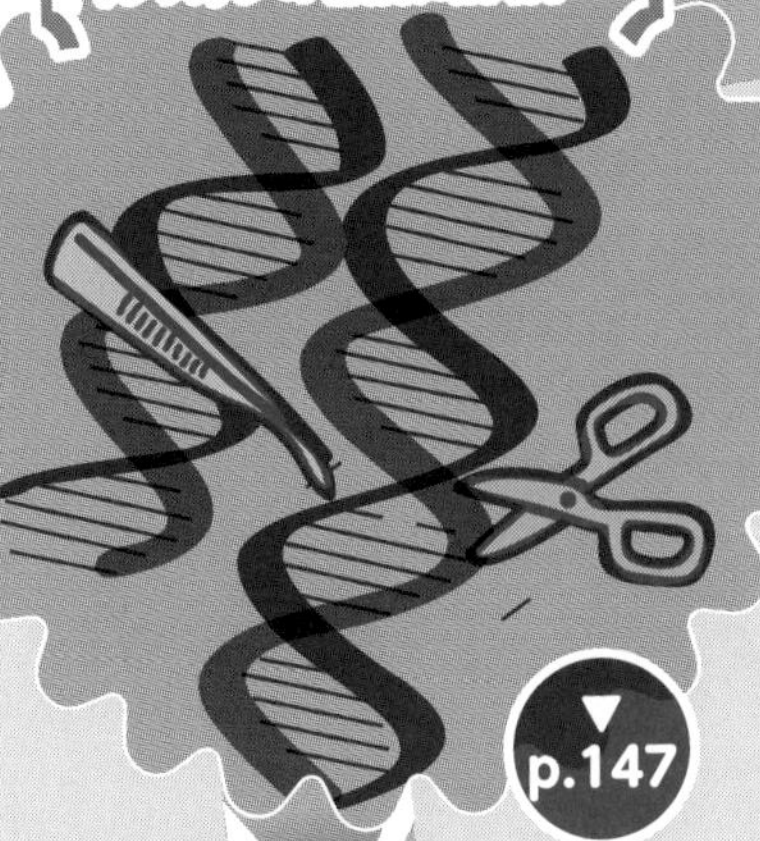

▼ p.147

年

デンマークのノボ社がブタインスリンから合成（半合成）したヒトインスリン製剤を発売。

▼ p.147

1990年代～

ヒトインスリンの構造を変えた、さまざまなインスリンアナログ製剤が開発される。

▼ p.148

創薬は新しい時代に入ったといえるね。

ホエ～

次のページから、くわしく見てみるぞ

不治の病とおそれられてきた糖尿病

戦国時代の武将のなかでも特に有名な織田信長。戦いに明け暮れたとされる信長ですが、「飲水病」にかかっていて、手足の痛みやしびれが強かったという記録が残されているそうです。

信長をなやませた「飲水病」は、現在でいう糖尿病だと考えられています。糖尿病にかかると尿の回数が異常に多くなって喉が渇き、いくら水を飲んでも渇きがおさまりません。また、神経障害などの合併症も発症します。信長の手足の痛みやしびれは、糖尿病による神経障害のためではなかったかと考えられて

糖尿病は昔から
ある病気だワン。

いるのです。

糖尿病にかかると血液中に糖分がたまり、尿に多量に排出されます。悪化すると喉の渇きのほか、異常なだるさ、疲れやすさがあり、体重が急に減ってやせ衰え、治療をしないと昏睡状態におちいって死んでしまいます。また、糖尿病は神経障害のほか、網膜症、腎臓の障害などの合併症や動脈硬化なども引き起こす重大な病気です。

糖尿病と思われる病気の記述は、紀元前1552年に書かれた古代エジプトのエーベルス・パピルス(p.10)にも見られるといいます。以来、さまざまな研究が行われ、治療が試みられてきましたが、20世紀になってインスリンが発見されるまで治療法はありませんでした。1906年にアメリカの医師、**フレデリック・アレン**が、ぎりぎり生きていける程度にまで食事を制限し、血糖値を下げる飢餓療法という対応を提唱しましたが、それでも数年、重症者では数ヵ月、延命できるだけでした。長いあいだ、糖尿病は一度発症したら悪化するばかりで、死を待つしかなかったのです。

フレデリック・アレン 1879-1957

アメリカの医師。糖尿病の治療に力を注いだ。インスリン誕生後は食事療法による高血圧の治療にも取り組んだ。

糖尿病と膵臓の関係が明らかに

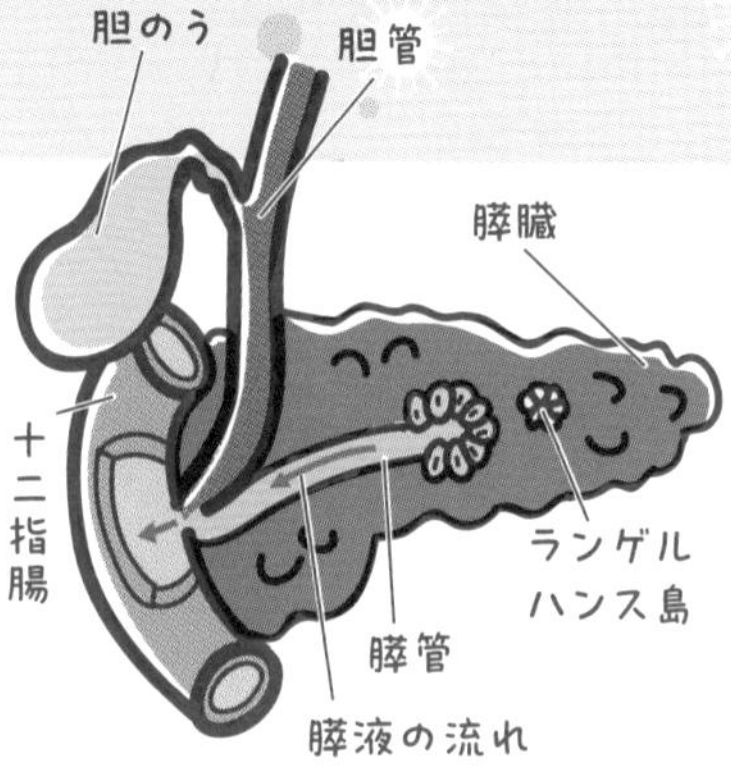

糖尿病患者の尿と血液に糖がふくまれることを科学的に証明(しょうめい)したのはイギリスのマシュー・ドブスンで、1776年のことです。1889年には、ドイツのオスカー・ミンコフスキーらは膵臓を摘出(てきしゅつ)されたイヌが糖尿病を発症していることを見いだしました。

一方、1869年にはドイツの医師、ランゲルハンスが膵臓に特別な構造を持つ細胞の集まりを発見し、この細胞の集まりはランゲルハンス島(とう)とよばれるようになりました。アメリカの医師、**ユージン・オピー**は1901年、糖尿病で亡(な)くなった患者のランゲルハンス島が退化(たいか)していることを発見しました。その後、ランゲルハンス島から分泌されるホルモンが糖尿病に関係があると仮定され、**インスリン**と名づけられました。

インスリン
インスリンの名は、ラテン語の「島」を意味する語に由来する。

ユージン・オピー 1873-1971
アメリカの医師、病理学者。糖尿病にランゲルハンス島が関連していることをつき止めた。

たまたま読んだ論文がヒントになったんだね。

フレデリック・バンティング 1891-1941
カナダの医師。寝る前に論文を読んでいてアイデアが浮かび、すぐにメモをとったという。

トロントの奇跡

1920年10月30日のことです。カナダのオンタリオ州で開業医をしながら大学の講師もしていた**フレデリック・バンティング**は、授業の準備のためにランゲルハンス島と糖尿病に関する論文を読みました。そこには、膵液の通り道である膵管が結石により詰まってしまった人の膵臓では、膵液を出す腺は退化していたものの、ランゲルハンス島の細胞はそのままであったことが書かれていました。

膵液には糖分やタンパク質、脂肪を分解して消化する物質がふくまれています。バンティングは、イヌの膵管をしばって変性させ、膵液を分泌する細胞を退化させれば、ランゲルハンス島にあるとされる血糖値を下げる物質は、膵液に分解されることなく取り出せるのではないかと考えました。そして、11月17日にトロント大学で生理学を研究していた教授の**ジョン・マクラウド**と面会し、実験させてもらえるよう頼みました。

ジョン・マクラウド 1876-1935
イギリス出身の生理学者。アメリカやカナダの大学で教授をつとめ、生理学の権威として知られていた。

しかし、数多くの研究者が血糖値を下げる物質の発見に失敗していま す。そのためマクラウドは、バンティングの話にあまり乗り気ではなかったといいます。それでも研究室の一部と実験用のイヌを提供し、学生のチャールズ・ベストを助手につけてくれました。

バンティングとベストは1921年5月にイヌの手術を開始しました。そして、試行錯誤の結果、十分に変性した膵臓を得ることができました。そこで同年の7月30日、変性した膵臓から取り出した物質を糖尿病のイヌに注射したところ、血糖値が低下したのです。

2人は、この物質を島(island)にちなんで「アイレチン」と名づけました。血糖値を下げる物質が膵臓から得られることが確認され、糖尿病の治療の可能性が示されたのです。2人の発見は、「トロントの奇跡」とよばれています。

発見からわずか半年で患者に注射される

1922年1月、ウシの膵臓から取り出したアイレチンを実際に糖尿病の患者に注射することになりました。患者はトロント総合病院に入院していた、当時14歳の少年でした。

最初の注射ではあまり効果はなかったのですが、アイレチンを取り出す方法を変えてもう一度注射したところ、劇的な効果があらわれました。血糖値は大きく下がり、尿からはほとんど糖が検出されなくなったのです。この少年だけでなく、何人もの患者で良い結果が得られました。

この結果は学会で発表され、その際に膵臓から取り出した物質の名前を、アイレチンから仮のホルモンとして名づけられていたインスリンに変えました。インスリン発見の話は世界中で報道され、糖尿病治療への期待が高まりました。バンティングとマクラウドはインスリン発見の功績により、1923年のノーベル生理学・医学賞を受賞しています。

サンガーはインスリンの分子構造の発表から2年後の1958年にノーベル化学賞を受賞したワン。

51個のアミノ酸でできた2本の鎖

製薬会社はすぐにインスリンの生産に着手しました。当時は家畜の膵臓からインスリンを取り出していましたが、糖尿病患者一人が一年間に使用するインスリンを取り出すには、70頭分のブタの膵臓が必要でした。このままではいずれ、原料が足りなくなってしまいます。また、インスリンの純度が低いことや動物から取り出したインスリンであることから、アレルギーや副作用が見られるなどの問題もありました。そもそもインスリンがどういう物質かもよくわかっていなかったのです。

インスリン発見から5年後の1926年、アメリカの薬理学者、ジョン・エイベルがインスリンの結晶化に成功。1956年にはイギリスのケンブリッジ大学の**フレデリック・サンガー**が、インスリン分子は合計51個のアミノ酸でできたペプチド(小型のタンパク質)で、細長い2本の鎖のような分子構造が2ヵ所で統合した形であることをつき止めました。

フレデリック・サンガー 1918-2013

イギリスの生化学者。インスリンの研究とDNAの研究で、2度ノーベル化学賞を受賞した。

遺伝子工学を使い大量生産が可能に

ジェネンテック社のヒトインスリン合成は遺伝子工学の初の実用化で、日本人の分子生物学者、板倉啓壹も貢献したよ。

インスリンの分子構造が解明されるなかで、ヒトとブタではインスリンを構成するアミノ酸が1つだけちがうこと、ヒトとウシでは3つちがうこともわかりました。そこで、ブタインスリンの、人間とは異なるアミノ酸を、化学的に人間のアミノ酸に置きかえてヒトインスリンを合成する研究も行われました。この方法を「半合成」といい、これに成功したデンマークのノボ社から、1982年、世界初のヒトインスリン製剤が発売されました。

同じころ、遺伝子工学の技術が大きく発展し、遺伝子組み換え技術を使ってヒトインスリンそのものを合成する競争も、激しさを増していました。1978年8月には、アメリカのベンチャー企業ジェネンテック社が、遺伝子工学によるヒトインスリンの合成に成功しました。遺伝子工学によるヒトインスリン製剤は、アメリカのイーライリリー社によって大量生産されるようになり、1983年に同社から発売されました。

ヒトインスリン遺伝子の塩基配列は、1980年に決定されたよ。

遺伝子組み換え技術により、ヒトインスリン製剤が大量生産されるようになりましたが、これを注射しても、ヒトの膵臓から自然に出されるインスリンと同じ働きをするわけではありませんでした。そこでさらに研究が進められ、現在ではヒトインスリンに似た構造を持つ「インスリンアナログ製剤」といわれる薬剤が開発され、広く使用されています。このような遺伝子組み換え技術を使った薬を「バイオ医薬品」といいます。インスリンはバイオ医薬品の第1号です。インスリンの誕生により、薬のつくり方が大きく変わっていくことになった、歴史的な薬ともいえます。

バイオ医薬品の製造法

DNA分子作製

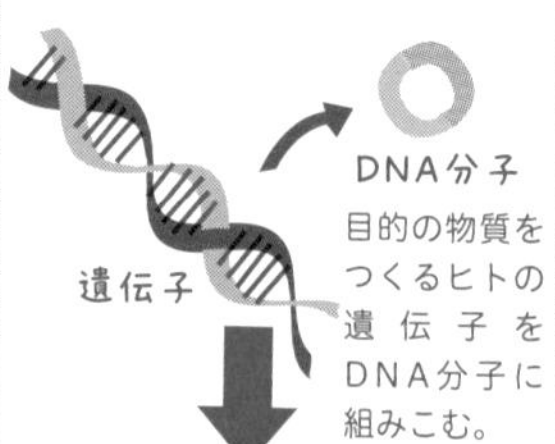

目的の物質をつくるヒトの遺伝子をDNA分子に組みこむ。

細胞への導入

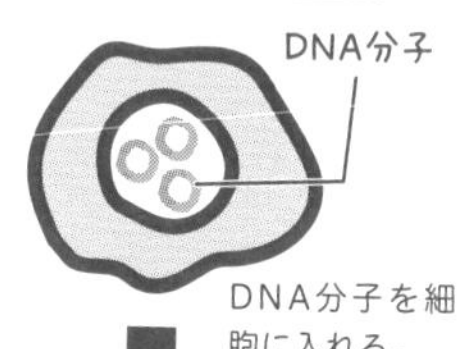

DNA分子を細胞に入れる。

培養・増殖

DNA分子を組みこんだ細胞

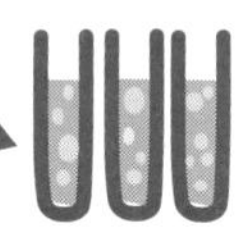

培養された細胞が目的の物質を合成する。

製剤化

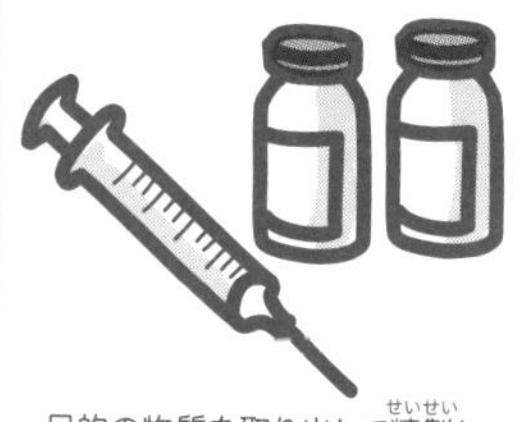

目的の物質を取り出して精製し、製剤にする。

糖尿病治療薬

「インスリン」を深ぼりしよう！

インスリンが体内で
どのように働くか、解説するぞ。

考えてみよう！

インスリンは体内のなんという臓器から分泌されるかな？

インスリンは体内の臓器から分泌されるホルモンじゃったな。
アドレナリンは副腎から分泌されるぞ。

① 腎臓

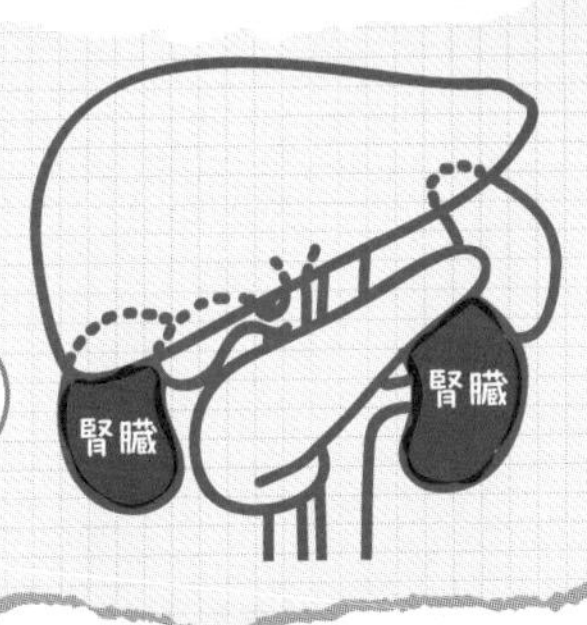

腎臓と尿は関係があったような……。

② 肝臓

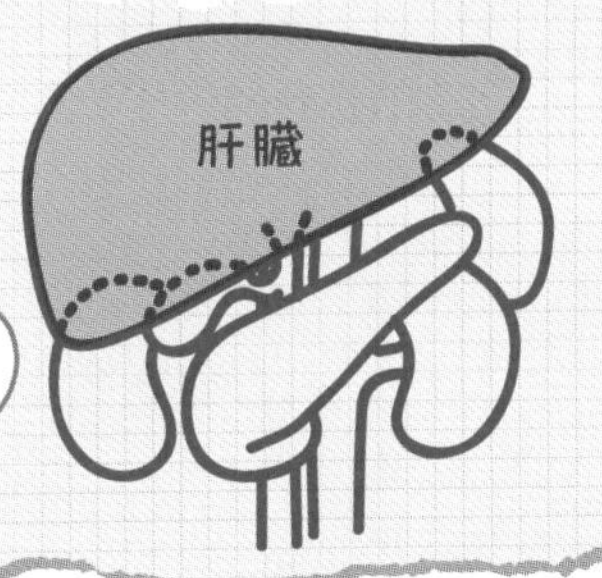

肝臓でつくられるんだったかな？

③ 膵臓

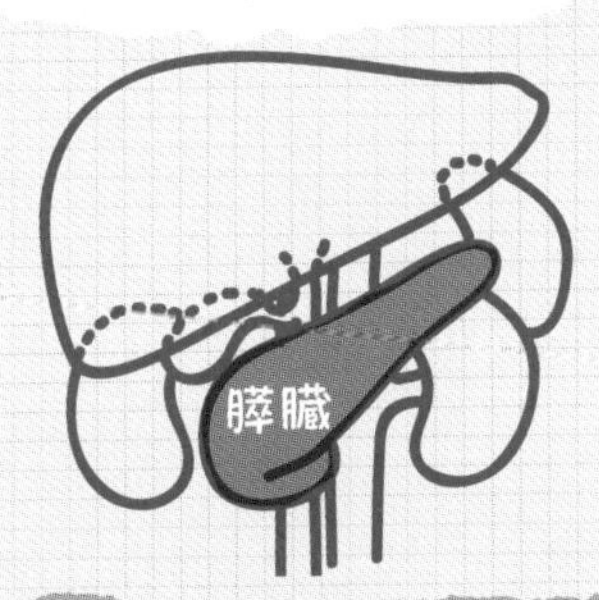

膵臓の働きだったワン！

こたえは……

3 膵臓

膵臓は、食べ物を消化するための膵液をつくるぞ。それだけでなく、血糖値を調節するホルモンであるインスリンを分泌しているんじゃ。「トロントの奇跡」では、イヌの膵臓からインスリンを取り出したぞ。

インスリンの働きにより血糖値が下がる

私たちは、成長したり活動したりするために食事をします。食べ物のうち、ご飯やパンなどの炭水化物は、消化されブドウ糖（グルコース）となって小腸から吸収されます。そして血液に乗って全身の細胞に運ばれ、日々の活動のためのエネルギーのもとになります。

血液中のグルコースの量を表すのが血糖値という値です。食事のあとには血糖値が上がりますが、健康な時には膵臓のランゲルハンス島から出されるインスリンの働きにより、全身の細胞にグルコースが取りこまれ、エネルギー源として利用されます。また、インスリンは余分なグルコースからグリコーゲンという物質をつくって、肝臓や筋肉に蓄えたりするためにも働きます。このようなインスリンの働きにより、血糖値が調整されます。

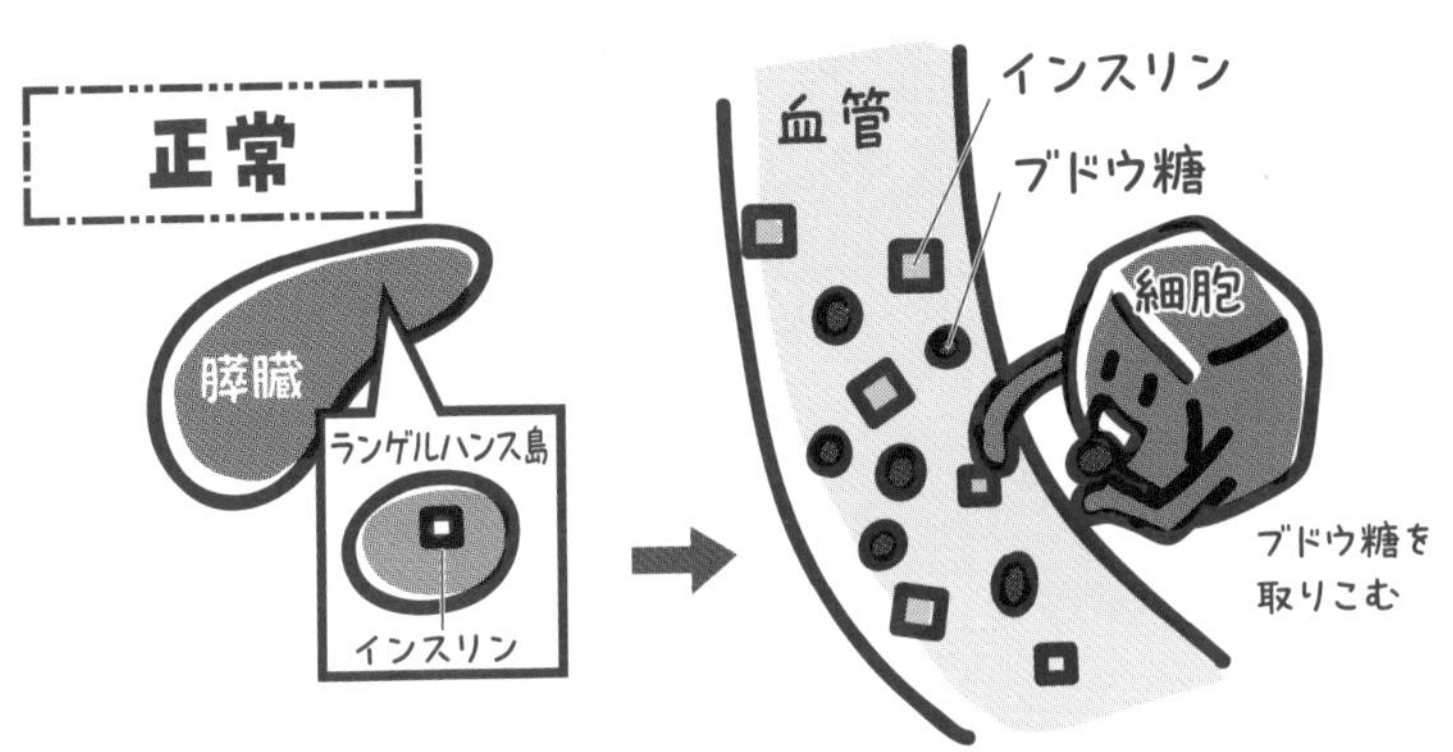

1型糖尿病

インスリンが分泌されない

膵臓のインスリンを出す細胞が壊(こわ)されている。

血管

ブドウ糖
しかない

細胞

取りこめない

2型糖尿病

インスリンの分泌量が少ない または インスリンに反応しない

おもに生活習慣がかかわり、食べすぎや運動不足などが原因と考えられている。また、肝臓や筋肉などの組織がインスリンの働きに対して鈍感(どんかん)になることも考えられる。

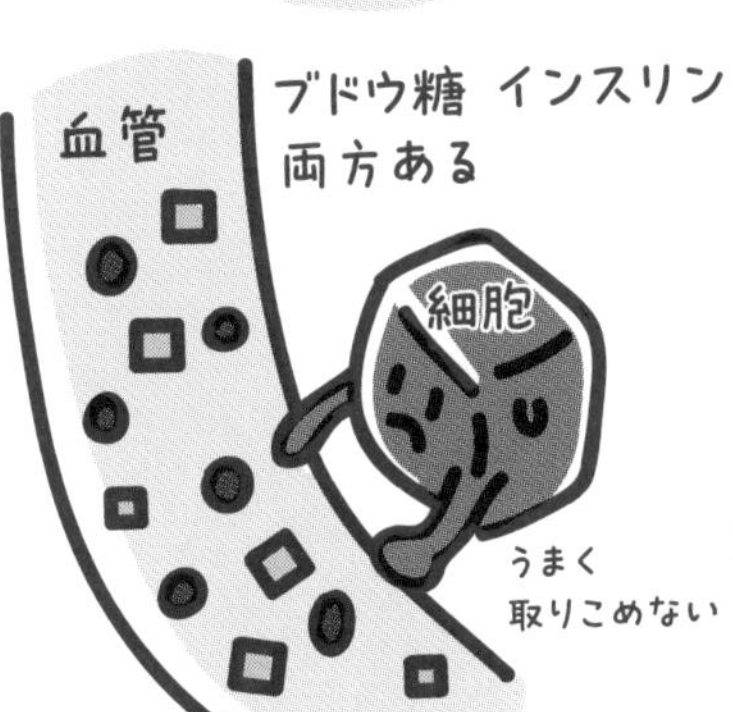

ところが、なんらかの原因でインスリンがうまく出なくなったり、細胞がインスリンに対して正常に反応しなくなったりして血糖値が下がらなくなることがあります。これが糖尿病です。体に取りこまれなくなったグルコースは尿とともに排出されるので、日本では糖尿病とよばれます。グルコースが取りこまれないことで細胞の機能が衰えて衰弱したり、血糖値が高い状態が続くことで動脈硬化が起きたりします。

また、グルコースをエネルギー源として利用できなくなると、体は脂肪やタンパク質を分解してエネルギー源とします。そして、この時につくられる物質により血液が酸性になり、さまざまな症状があらわれます。

原因は生活習慣だけではない

糖尿病には、1型と2型の2種類があります。おもに食べすぎや運動不足などが原因とされ、「生活習慣病」の一種ともいわれるのが2型糖尿病です。一方、1型糖尿病は、なんらかの原因で膵臓の細胞が壊され、インスリンが分泌されなくなって起こります。1型糖尿病は子どもや若者に多く見られます。

人々を3000年続く苦しみから救った

インスリンは血糖値を下げる働きのあるホルモンだよ。このインスリンの量や働きに異常が発生し、血糖値が下がらなくなるのが糖尿病なんだ。インスリンを発見し、薬として開発することで、3000年以上にわたって人々をなやませてきた糖尿病を治療できるようになったよ。

最初は動物の膵臓からインスリンを取り出し、それをもとに薬がつくられたんだ。その後、遺伝子組み換え技術が発達し、動物のインスリンを使わずに薬がつくられるようにまでなったよ。インスリンは薬のつくり方を変えた、画期的な薬なんだ。

プラスワン

偽の薬なのに効果がある!?

薬の効果を見極める時に、偽物の薬を用いることがあります。偽物の薬なのに、効果を発揮することがあるのです。これをプラセボ効果といいます。

見た目と味が同じで効果があると思いこむ

プラセボ(placebo)とは、見た目や味などは本物の薬と区別がつかないようにつくったものです。その語源は「喜ばせる」という意味のラテン語で、日本語では「偽薬」とよばれています。デンプンや糖など、人体に影響のないものなどでつくられます。現在ではおもに研究を目的とする試験(臨床試験)に使用されています。

プラセボには病気に対する有効成分がふくまれていないのにもかかわらず、プラセボと知らずに投与された人のなかには症状が改善する人もいます。この現象を「プラセボ効果」といいます。プラセボ効果があらわれる要因は、はっきりとわかってはいませんが、効き目のある薬を投与されていると本人が思いこむことによる期待や自己暗示、自然治癒力(人間にもともと備わっている、病気を治す能力)などが関係していると考えられています。

偽物の薬で害を感じる ノセボ効果

プラセボ効果とは反対に、プラセボを服用することで副作用などの好ましくない有害な作用があらわれる人もいます。この現象を「ノセボ（nocebo）効果」といいます。プラセボは望む作用だけではなく、有害な作用をもたらす可能性もあるのです。

新型コロナウイルス感染症のワクチン接種においても、偽物のワクチンを接種したのに全身の異変や注射部位の痛みなどの副反応をうったえる人が一定数見られたという、アメリカの研究もあります。

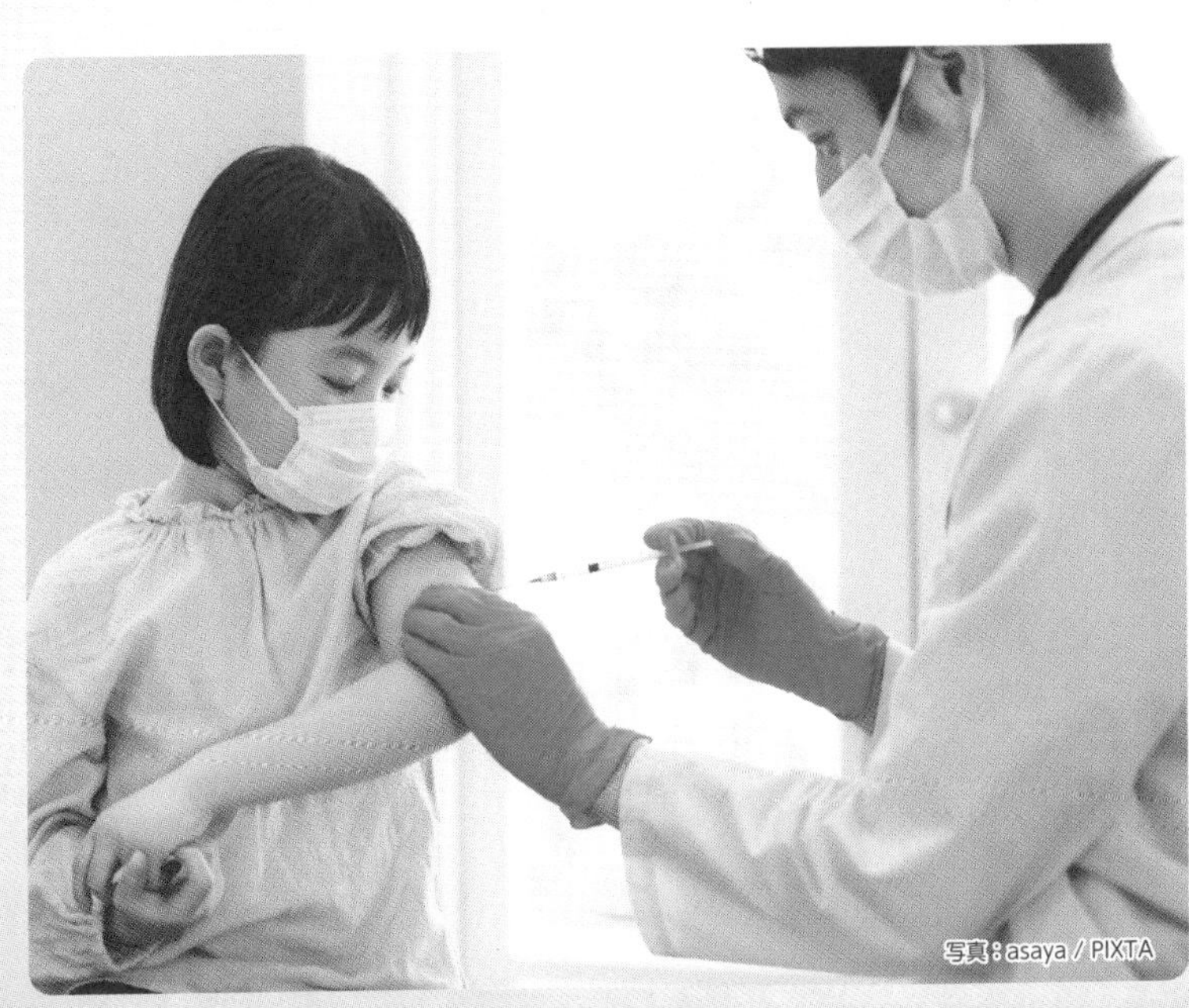
写真：asaya / PIXTA

臨床試験でプラセボが使用される

新薬を厚生労働省に承認してもらうための臨床試験では、薬とプラセボを比較することにより、薬の成分の効果を評価します。

まず、薬を投与する患者とプラセボを投与する患者のグループに分けてデータを比較します。その際、患者だけでなく、診断や検査を担当する医療者にも薬とプラセボのどちらが使われているかわからないようにし、患者や医療者の思いこみを排除する工夫がなされます。この方法を二重盲検法といいます。患者と医療者のどちらも(二重)が、どのような治療が行われているのかを知らない状態(盲検)という意味です。試験の結果、新薬がプラセボに比べてすぐれていることが確認されたら、次に厚生労働省の新医薬品承認審査に進み、承認されると販売になります。

効き目のない薬を服用して症状が悪化したらと不安に思われるかもしれませんが、臨床試験にかかわる医師などが慎重に患者の様子を確認し、変化が見られたらすぐに適切な処置をすることになっています。

ただし現在は、有効成分をふくまないプラセボを使うことは倫理的に良くないという意見もあり、すでに販売されている薬を類似薬効薬として比較する場合もあります。新薬が、すでに販売されている薬よりもすぐれているかどうかを調べるのです。

プラセボの活用が広がっている

臨床試験以外でもプラセボが活用されることがあります。例えば日本では、高齢者施設で使われるケースが見られます。高齢者が必要以上に薬を求めるような時に、安全のためにプラセボを渡すのです。

アメリカでは、意外なケースも報告されています。プラセボであることを説明したうえで投与して、症状が改善したというのです。過去に薬で症状が改善した経験によって、体が知らず知らずのうちに反応しているのだと考えられています。

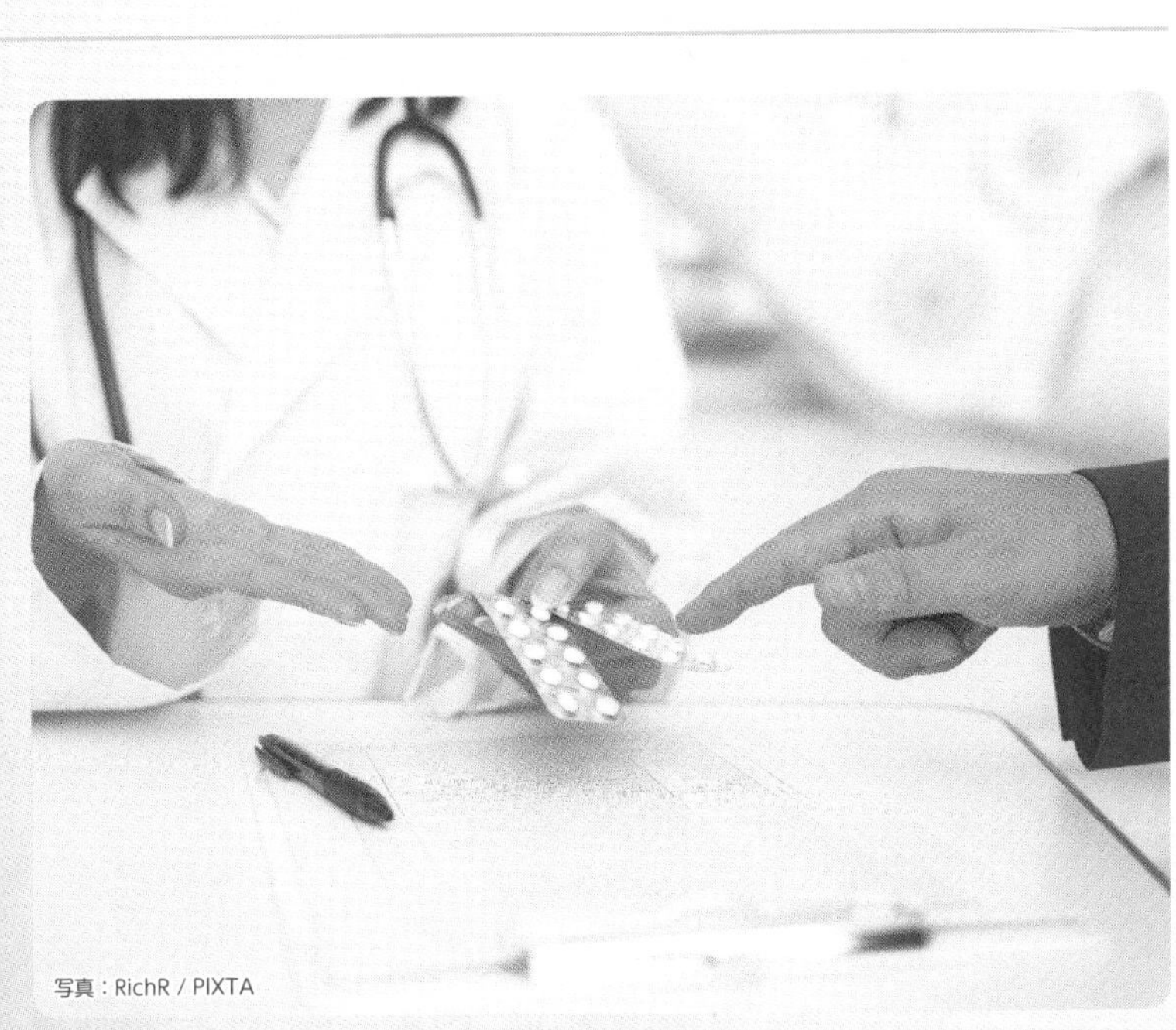

写真：RichR / PIXTA

あ

か

さ

写真・図版協力

アフロ／高峰譲吉博士顕彰会／高岡市立博物館／PIXTA／明治薬科大学 明薬資料館／ワールドフォトサービス

おもな参考文献・資料

【書籍】『Newton大図鑑シリーズ　くすり大図鑑』（ニュートンプレス）、『絵でわかる薬のしくみ』（講談社）、『毒と薬の世界史』（中公新書）、『歴史を変えた10の薬』（すばる舎）、『世界史を変えた薬』（講談社現代新書）、『〈麻薬〉のすべて』（講談社現代新書）、『痛みと鎮痛の基礎知識』（技術評論社）、『あなたの痛みはとれる』（中日新聞社）、『図解入門　よくわかる痛み・鎮痛の基本としくみ［第2版］』（秀和システム）、『カラー図解　痛み・鎮痛の教科書』（ナツメ社）、『Locomotive Pain Frontier』1（1）,42-43,2012、『MEDCHEM NEWS』26（4）,170-175,2016、『岩医大歯誌』30,137-145,2005、『Medical Gases』18（1）,55-57,2016、『日臨麻会誌』28（5）,723-731,2008、『化学と生物』58（7）,431-435,2020、『Newton大図鑑シリーズ　人類学大図鑑』（ニュートンプレス）、『世界を変えた薬用植物』（創元社）、『アスピリン企業戦争　薬の王様１００年の軌跡』（ダイヤモンド社）、『超薬アスピリン　スーパードラッグへの道』（平凡社新書）、『続・義経はやなぎの薬効を知っていた―やなぎの樹液からアスピリンへ―』（医学情報社）、『スミス基礎有機化学』（東京化学同人）、『別冊日経サイエンス　先端医療をひらく』（日経サイエンス社）、『化学と教育』69（2）,46-49,2021、『近創史』7,25-37,2009、『10分で読めるわくわく科学　科学の大発見』（成美堂出版）、『日本化学療法学会雑誌』68（4）,499-509,2020、『サルファ剤、忘れられた奇跡』（中央公論新社）、『薬史学雑誌』54（1）,13-18,2019、『新インスリン物語』（東京化学同人）、『インシュリン物語　糖尿病との闘いの歴史』（岩波書店）、『いちばんやさしい薬理学』（成美堂出版）、『人類の知恵と勇気を見よう！』（新日本出版社）、『知ってふせごう！身のまわりの感染症』（旬報社）

【参考サイト】生理学研究所HP、厚生労働省HP、中外製薬株式会社HP、日本肺癌学会HP、医療NEWS QLifePro HP、おくすり110番HP、大川整形外科HP、日本医事新報社HP、医教コミュニティ つぼみクラブHP、「がん治療」新時代WEB HP、日本歯科医師会 テーマパーク8020HP、名古屋工業大学大学院 界面化学講座 山本研究室HP、日本薬学会HP、テルモ株式会社HP、浜松医科大学 麻酔・蘇生学講座HP、二子玉川ステーションビル矯正・歯科HP、国立長寿医療研究センターHP、大塚製薬株式会社 免疫navi HP、日本WHO協会HP、Malaria No More Japan HP、東京薬科大学同窓会東薬会HP、順天堂 GOOD HEALTH JOURNAL HP、厚生労働省検疫所 FORTH HP、京都大学 理学研究科・理学部HP、山科植物資料館HP、国立感染症研究所HP、日本感染症学会HP、MSDマニュアル プロフェッショナル版HP、日本心臓財団HP、HelC HP、北多摩薬剤師会HP、科学技術振興機構 研究開発戦略センターHP、International Aspirin Foundation HP、ライオン歯科衛生研究所HP、富山めぐみ製薬 ケロリンファン倶楽部HP、京都民医連中央病院HP、高峰譲吉博士研究会HP、バイエルファーマナビHP、PDBj入門HP、ニッセイ基礎研究所HP、日本製薬工業協会 くすり研究所HP、役に立つ薬の情報～専門薬学HP、製品評価技術基盤機構HP、日本化学療法学会HP、神奈川県衛生研究所HP、東京都保健医療局HP、お薬なび 健康コラムHP、お薬Q＆A～Fizz Drug Information～ HP、日本救急医学会HP、糖尿病サイトHP、知りたい！糖尿病HP、厚生労働省 e-ヘルスネットHP、糖尿病リソースガイドHP、山下クリニックHP、高エネルギー加速器研究機構HP、糖尿病情報センターHP

執筆　竹村真紀子、寺田千恵、山﨑和也
イラスト　石坂光里（DAI-ART PLANNING）、速水えり
編集　伊澤瀬菜
編集協力　美和企画（大塚健太郎、嘉屋剛史、笹原依子）
デザイン　装丁：松林環美
本文：松林環美、宇田隼人（DAI-ART PLANNING）

監修　船山信次

日本薬史学会会長・日本薬科大学客員教授。1951年、仙台市生まれ。東北大学薬学部卒業・東北大学大学院薬学研究科博士課程修了。薬剤師・薬学博士。イリノイ大学薬学部博士研究員、北里研究所室長補佐、東北大学薬学部専任講師、青森大学教授、日本薬科大学教授などを歴任。著書に、『毒と薬の世界史』（中公新書）、『〈麻薬〉のすべて』（講談社現代新書）、『アルカロイド』（共立出版）、『毒の科学』（ナツメ社）など多数。TVやラジオ番組出演なども多数。

ISBN978-4-06-534592-4

ぴかりか
世界を変えた薬

2024年５月21日　第１刷発行

講談社 編
監修 船山信次

発行者　森田浩章
発行所　株式会社講談社
〒112-8001　東京都文京区音羽2-12-21
電話　編集　03-5395-4021
販売　03-5395-3625
業務　03-5395-3615

印刷所　共同印刷株式会社
製本所　株式会社若林製本工場

N.D.C.499　159p　20cm